事業者必携

知っておきたい
建設業事業者のための法律【労務・安全衛生・社会保険】と実務書式

社会保険労務士
林 智之 [監修]

三修社

はじめに

　建築現場には様々な危険が潜んでいます。資材の落下による事故などの建築現場に存在する危険性や、過労死などの働き方による危険性など、建築業を営む者は様々な面で安全性を確保しなければなりません。近年では、働き方改革法の施行などにより、労務についての制度のあり方が大きく変化しました。建築現場においても働き方の変化は要求されます。優秀な人材を確保し、労働者の安全を守るためには、労務や安全衛生についての法律や制度を十分に理解し、制度に沿った管理を行う必要があります。

　建設業では人材不足や長時間労働が常態化していることから、働き方改革関連法の施行後も、時間外労働（残業）の罰則付きの上限規制の適用については5年間の猶予期間が設けられていましたが、令和6年（2024年）4月1日から上限規制が適用されます。具体的には、建設業ではこれまでは三六協定を締結し届出を行えば、上限時間なく残業させても労働基準法違反とはなりませんでした。

　しかし、令和6年4月1日からは、建設業であっても、その他の事業者と同様に、時間外労働は原則として月45時間・年間360時間までとなり、臨時的な特別の事情がなければこれを超えることができなくなります。

　本書は、建築業者の皆様が労務管理、安全衛生などについて、理解を進める際に利用していただけるように解説しました。法律や制度の解説だけでなく、関係する手続きについても解説しています。安全衛生については、建築現場において守るべき安全衛生上の制度を詳細に解説しています。さらに、必要となる届出や規程などの書式を掲載し、具体的にどのように作成すべきか想像しやすくしています。

　本書をご活用いただき、皆様のお役に立てていただければ監修者として幸いです。

　　　　　　　　　　監修者　社会保険労務士　林　智之

Contents

第2章　建設業と安全衛生管理体制の基本

第3章　危険防止と安全衛生教育の基本

第4章　安全衛生に関する書式

第5章　社会保険・労働保険のしくみと加入手続き

第1章

働き方が変わる！建設業と労務管理の基本

1 働き方改革で何が変わったのか

■■ 働き方改革関連法とは

　平成30年（2018年）7月に、「働き方改革を推進するための関係法律の整備に関する法律」（働き方改革関連法）が公布されました。これに伴い30以上の法律が改正されています。働き方改革関連法には、①働き方改革の総合的かつ継続的な推進、②長時間労働の是正と多様で柔軟な働き方の実現、③すべての雇用形態で労働者の公正な待遇を確保するという主な目的があります。特に、建設業をはじめとする多くの企業にとっては、②長時間労働の是正と多様な働き方の実現や、③労働者の公正な待遇の確保に向けた労働環境の整備に取り組む責務が重要です。

①　働き方改革の総合的かつ継続的な推進

　働き方改革の目的を達成するため、労働者が有する能力を有効に発揮できるようにするための基本方針を国が定めることになっています。

②　長時間労働是正などに関する改正

　長時間労働の是正と多様で柔軟な働き方の実現については、具体的に、労働基準法の改正をはじめとする労働時間に関する制度の見直し、労働時間等設定改善法における勤務間インターバル制度の促進、労働安全衛生法における産業医などの機能の強化を中心とした改正が行われます。これらの改正は、原則として、平成31年（2019年）4月1日から施行されています（中小企業については取扱いが異なります）。ただし、建設業については例外的な取扱いがなされる部分があります。

③　公正な待遇の確保に関する改正

　雇用形態にかかわらず労働者の公正な待遇を確保することについて

は、パートタイム・有期雇用労働法、労働契約法、労働者派遣法により、様々な雇用形態における不合理な待遇を禁止し、待遇差に関する説明を義務化する規定が整備された点が重要です。これらの改正は、原則として、令和2年（2020年）4月1日から施行されています。

■■ 建設業における働き方改革とは

　建設業も働き方改革における前述の①から③の目的を達成する必要がある点は、他業種と変わりません。しかし、建設業は、他の業種に比べて、作業の進捗状況などに応じて労働者の就業が長時間化する傾向があります。特に中小企業で建設業を営んでいる場合は、請負形式で建設作業を遂行しているケースも多く、注文主が指定する工期に合わせて計画的に建設作業を進めていかなければならず、労働者の休日を機械的に決定することが難しい状況にあります。

　このように、建設業では人材不足や長時間労働が常態化していることから、働き方改革関連法の施行後も、時間外労働（残業）の罰則付きの上限規制の適用については5年間の猶予期間が設けられ、令和6年（2024年）4月1日から適用されます。

　具体的には、建設業ではこれまでは三六協定を締結し届出を行えば、上限時間なく残業させても労働基準法違反とはなりませんでした。しかし、令和6年4月1日からは、建設業であっても、その他の事業者と同様に、時間外労働は原則として月45時間・年間360時間までとなり、臨時的な特別の事情がなければこれを超えることができなくなります。また、臨時的な特別な事情があって労使間で合意する場合（特別条項）であっても、以下のルールを遵守しなければなりません。

・時間外労働が年720時間以内
・時間外労働と休日労働の合計が月100時間未満
・時間外労働と休日労働の合計について2～6か月平均80時間以内
・時間外労働が月45時間を超えることができるのは年6回まで

また、特別条項の有無にかかわらず、1年を通して常に、時間外労働と休日労働の合計は月100時間未満、2～6か月平均80時間以内にしなければなりません。たとえば、時間外労働が月45時間未満となっている場合であっても、時間外労働が40時間で休日労働が60時間であるというように、時間外労働と休日労働の合計が月100時間以上になると法律違反となってしまいます。

　これらの制限に違反した企業に対しては、6か月以下の懲役または30万円以下の罰則が科される可能性があります。

　ただし、令和6年（2024年）4月1日以降も、災害時における復旧・復興事業については、罰則付きの時間外労働の上限規制の一部の規定（時間外労働と休日労働の合計が月100時間未満、時間外労働と休日労働の合計が2～6か月平均80時間以内）は適用されません。

■■ 建設工事における適正な工期設定等のためのガイドラインとは

　建設業においては、令和6年度から、本格的に働き方改革関連法の内容が適用されますが、その間の請負契約の当事者（発注者・受注者）が取り組むべき事項の指針が示されています。それが建設工事における適正な工期設定等のためのガイドライン（以下では「ガイドライン」と表記します）です。

　ガイドラインでは、発注者・受注者が対等な立場で請負契約を締結することを求めて、長時間労働を前提とする短期間の工期の設定にならないよう、適正な工期の設定を受注者の役割とし、施工条件を明確化して適正な工期を設定することを発注者の役割としています。その上で、建設工事に伴うリスクに関する情報を、発注者・受注者が共有して、役割分担を明確化することを求めています。そして、具体的な取組みとして、以下の事項を列挙しています（次ページ図）。

① 適正な工期設定・施工時期の平準化

　工期の設定にあたって、週休2日など、労働者の休日を確保するこ

とに努めるとともに、違法な長時間労働を助長する「工期のダンピング」（その工期によっては建設工事の適正な施工が通常見込まれない請負契約の締結）を禁止しています。

② **必要経費へのしわ寄せ防止**

公共工事設計労務単価の動きや生産性向上の努力などを勘案した積算・見積りに基づき、適正な請負代金の設定を求めています。

③ **生産性の向上**

建設工事全体を通じて、発注者・受注者双方が連携して、生産性を意識した施工を心がけることを求めています。たとえば、設計・施工などに関する集中検討（フロントローディング）の積極活用などが推奨されています。

■ **建設工事における適正な工期設定等のためのガイドライン** ……

【長時間労働の是正に向けた取組み】	
① 適正な工期設定・施工時期の平準化	● 休日の確保(週休２日) ● 機材などの準備期間、現場の片付けの期間の考慮 ● 降雨・降雪などの作業不能日数の考慮 ● 工期のダンピングの防止、工期内での工事完了が困難な場合の工期の適切な変更　など
② 必要経費へのしわ寄せ防止	● 社会保険の法定福利などを見積書などに明示 ● 適正な請負代金による請負契約の締結　など
③ 生産性の向上	● ３次元モデルによる設計情報などの蓄積 ● フロントローディングの積極活用　など
④ 下請け契約における取組み	● 日給制の技能労働者などの処遇の考慮 ● 一人親方における長時間労働の是正や週休２日の確保　など
⑤ 適正な工期設定のための発注者支援の活用	● 外部機関（コンストラクション・マネジメント企業など）の活用

④　下請契約における取組み

　下請契約においても、適正な工期・下請代金を設定するとともに、特に労働者の賃金水準の確保に留意することを求めています。

⑤　適正な工期設定のための発注者支援の活用

　工事の性質に応じて、外部機関（コンストラクション・マネジメント企業など）の支援を活用することを推奨しています。

■■「建設業働き方改革加速化プログラム」について

　長時間労働を是正する上では、労働時間の短縮に取り組むことはもちろんのこと、労働者の休日を確保することが重要です。そこで、週休2日の確保など、働き方改革に伴う取組みの一層の推進をめざして、建設業働き方改革加速化プログラム（以下では「プログラム」と表記します）が策定されています。プログラムは、①長時間労働の是正に関する取組み、②給与・社会保険に関する取組み、③生産性向上に関する取組み、という主に3つの柱により構成されています。

①　長時間労働の是正に関する取組み

　公共工事について、週休2日工事を大幅に拡大することをめざして、必要経費の計上に必要な労務費の補正などを導入し、週休2日制の導入を後押ししています。また、適正な工期の設定に必要な範囲で、ガイドラインの改訂についても言及しています。

②　給与・社会保険に関する取組み

　建設技能者について、令和6年（2024年）までに建設キャリアアップシステムへのすべての建設技能者の登録を推進するとともに、各自の技能や経験に応じた適正な給与の支払いを実現することを掲げています。また、社会保険に未加入の建設企業について、建設業の許可や更新を認めないしくみを構築し、社会保険への加入を建設業におけるスタンダードにすることを目標として提示しています。

③ 生産性向上に関する取組み

　公共工事の積算基準などを改善して、中小企業におけるICT活用を促すことや、生産性向上に取り組む建設企業を後押しする体制を構築することをめざします。また、IoTや新技術の導入などにより、施工品質の向上と省力化を図ることを求めています。

■ 建設業界の取組み

　建設業における働き方改革として、時間外労働に関する罰則付きの限度時間への取組みは特に重要であり、令和6年（2024年）4月1日からの適用に向けて、入念に準備していく必要があります。他方で、働き方改革には、他にも勤務間インターバル制度の促進化や、パートタイム労働者や派遣労働者に対する公正な待遇の確保など、重要な改正が含まれています。そして、これらの改正は基本的には建設業においても適用されるため、時間外労働に関する上限規制以外にも、様々な事項に対する取組みが必要であることを認識しておく必要があります。

■ 建設業働き方改革加速化プログラム

取組み	具体的な内容
長時間労働の是正	① 週休2日制の導入の後押し ② 発注者の特性を踏まえた工期の適正な設定の推進
給与・社会保険に関する取組み	① 技能・経験に応じた給与の実現 ② 社会保険加入のスタンダード化
生産性向上に関する取組み	① 生産性向上に取り組む建設企業の後押し ② 仕事の効率化 ③ 人材・機材などの効率的な活用の促進

2 勤務間インターバルについて知っておこう

終業時刻から翌日の始業時刻までの休息時間を確保する制度

どんな制度なのか

勤務間インターバル制度とは、労働者が1日の勤務が終了（終業時刻）してから、翌日の勤務が開始（始業時刻）するまでの間に、一定時間以上の間隔（インターバル）を確保する制度です。終業時刻から翌日の始業時刻までの間に休息時間（勤務間インターバル）を設けて、労働者の長時間労働を解消することが目的です。

たとえば、始業時刻が午前9時の企業が「11時間」の勤務間インターバルを定めている場合、始業時刻に労働者が勤務するためには、原則として前日の終業時刻が午後10時前でなければなりません。

企業が勤務間インターバル制度を導入する場合、大きく2つの意義があります。1つは、一定の時刻に達すると、それ以後、労働者は残業ができなくなるということです。もう1つは、一定の休息時間が確保され、労働者の生活時間や十分な睡眠時間を確保し、労働者のワークライフバランスの均衡を保つことが推進される点です。

どんな問題点があるのか

勤務間インターバル制度によって始業時刻が繰り下げられた場合、繰り下げられた時刻に相当する時間の賃金に関する問題があります。

たとえば、繰り下げられた時間については、労働免除として取り扱う方法が考えられます。労働免除が認められると、繰り下げられた時間分については、労働者は賃金を控除されることがありません。

しかし、これを企業側から見ると、労働者ごとに労働時間の繰り下げなどの管理を適切に行う必要があるとともに、労働者同士の公平性

にも配慮しなければならないという負担がかかります。

このように、勤務間インターバル制度は、労働者の健康や安全を確保するのに役立つ制度である一方で、労働者にとって重大な関心事である賃金に対して影響を与えるおそれがあるため、その導入に際しては、労使間で事前に明確な合意に至っている必要があります。

■■ 就業規則にも規定する必要がある

労働時間等設定改善法によって、勤務間インターバル制度の導入が企業の努力義務となっています。つまり、長時間労働の改善について企業側の意識の向上が求められているということです。そこで、企業が勤務間インターバル制度を導入する場合には、就業規則などに明確に規定を置き、特に繰り下げた時間に相当する賃金の問題などについても、事前に明確にしておくことが望まれます。

■ 勤務間インターバルとは ……………………………………

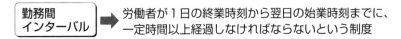

（例）勤務間インターバルが『11 時間』の場合

∴翌日 9:00 始業のためには 22:00 には終業しなければならない

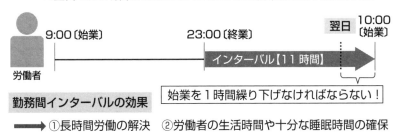

3 三六協定について知っておこう

残業をさせるには労使間で三六協定を締結し届け出る必要がある

■■ 三六協定を結ばずに残業をさせることは違法

　時間外労働および休日労働（本項目ではまとめて「残業」と表現します）は、労使間で書面による労使協定を締結し、行政官庁に届け出ることによって、一定の範囲内で残業を行う場合に認められます。この労使協定は労働基準法36条に由来することから三六協定といいます。

　同じ会社であっても、残業の必要性は事業場ごとに異なりますから、三六協定は事業場ごとに締結しなければなりません。三六協定は、事業場の労働者の過半数で組織する労働組合（過半数組合）、または過半数組合がないときは労働者の過半数を代表する者（過半数代表者）との間で、書面によって締結し、これを労働基準監督署に届ける必要があります。

　過半数代表者との間で三六協定を締結する場合は、その選出方法にも注意が必要です。選出に関して証拠や記録がない場合、代表者の正当性が否定され、三六協定自体の有効性が問われます。そこで、選挙で選出する場合は、投票の記録や過半数の労働者の委任状を残しておくと、後にトラブルが発生することを防ぐことができます。なお、管理監督者は過半数代表者になることができません。管理監督者を過半数代表者として選任して三六協定を締結しても無効となる、つまり事業場に三六協定が存在しないとみなされることに注意が必要です。

　三六協定は届出をしてはじめて有効になります。届出の際は原本とコピーを提出し、コピーの方に受付印をもらい会社で保管します。労働基準監督署の調査が入った際に提示を求められることがあります。

三六協定に加えて就業規則などの定めが必要となる

三六協定は個々の労働者に残業を義務付けるものではなく、「残業をさせても使用者は刑事罰が科されなくなる」（免罰的効果）というだけの消極的な意味しかありません。使用者が残業を命じるためには、三六協定を結んだ上で、労働協約、就業規則または労働契約の中で、業務上の必要性がある場合に三六協定の範囲内で時間外労働を命令できることを明確に定めておくことが必要です。

使用者は、時間外労働について25％以上の割増率（月60時間を超える分は50％以上の割増率）、休日労働について35％以上の割増率の割増賃金を支払わなければなりません（36ページ）。三六協定を締結せずに残業させた場合は違法な残業となりますが、違法な残業についても割増賃金の支払いは必要ですので注意しなければなりません。

なお、三六協定で定めた労働時間の上限を超えて労働者を働かせた者には、6か月以下の懲役または30万円以下の罰金が科されます（事業主にも30万円以下の罰金が科されます）。

就業規則の内容に合理性が必要

最高裁判所の判例は、三六協定を締結したことに加えて、以下の要件を満たす場合に、就業規則の内容が合理的なものである限り、それ

■ 時間外労働をさせるために必要な手続き

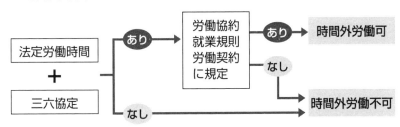

が労働契約の内容となるため、労働者は残業（時間外労働および休日労働）の義務を負うとしています。

・三六協定の届出をしていること
・就業規則が当該三六協定の範囲内で労働者に時間外労働をさせる旨について定めていること

　以上の要件を満たす場合、就業規則に従って残業を命じる業務命令（残業命令）が出されたときは、正当な理由がない限り、労働者は残業を拒否することができません。残業命令に従わない労働者は業務命令違反として懲戒の対象になることもあります。

　前述したように、三六協定の締結だけでは労働者に残業義務は発生しません。三六協定は会社が労働者に残業をさせても罰則が科されないという免罰的効果しかありません。就業規則などに残業命令が出せる趣旨の規定がなければ、正当な理由もなく残業を拒否されても懲戒の対象にはできませんので注意が必要です。

　なお、会社として残業を削減したい場合や、残業代未払いのトラブルを防ぎたい場合には、残業命令書・申請書などの書面を利用して労働時間を管理するのがよいでしょう。また、残業が定例的に発生すると、残業代が含まれた給与に慣れてしまいます。その金額を前提にライフサイクルができあがると、残業がなくなると困るので、仕事が少なくても残業する労働者が出てくることがあります。そのような事態を防ぐためにも、会社からの残業命令または事前申請・許可がなければ残業をさせないという毅然とした態度も必要です。あわせて労働者が残業せざるを得ないような分量の業務を配分しないことも重要です。

■■ 三六協定の締結方法

　三六協定で締結しておくべき事項は、①時間外・休日労働をさせる（残業命令を出す）ことができる労働者の範囲（業務の種類、労働者の数）、②対象期間（起算日から１年間）、③時間外・休日労働をさせ

ることができる場合（具体的な事由）、④「１日」「１か月」「１年間」
の各期間について、労働時間を延長させることができる時間（限度時
間）または労働させることができる休日の日数などです。

　④の限度時間については、かつては厚生労働省の告示で示されてい
ましたが、平成30年（2018年）成立の労働基準法改正で、労働基準法
に明記されました。１日の時間外労働の限度時間は定められていませ
んが、１か月45時間、１年360時間（１年単位の変形労働時間制を採
用している場合は１か月42時間、１年320時間）を超える時間外労働
をさせることは、後述する特別条項付き三六協定がない限り、労働基
準法違反になります。かつての厚生労働省の告示の下では「１週間」
「２か月」などの限度時間を定めることもありましたが、現在の労働
基準法の下では「１日」「１か月」「１年」の限度時間を定める必要が
あります。

　また、三六協定には②の対象期間とは別に有効期間の定めが必要で

■ 三六協定・特別条項付き三六協定 ……………………………

三六協定 時間外労働の限度時間は月45時間・年360時間

**１年につき６か月を上限として限度時間を超えた
時間外・休日労働の時間を設定できる**

特別条項付き三六協定

【特別な事情（一時的・突発的な臨時の事情）】
　が必要
　① 予算・決算業務
　② ボーナス商戦に伴う業務の繁忙
　③ 納期がひっ迫している場合
　④ 大規模なクレームへの対応が必要な場合

【長時間労働の抑止】
※１か月につき100時間
　未満で時間外・休日労働
　をさせることができる時
　間を設定
※１年につき720時間以
　内で時間外労働をさせる
　ことができる時間を設定

すが、その長さは労使の自主的な判断に任せています。ただし、対象期間が１年間であり、協定内容の定期的な見直しが必要であることから、１年ごとに三六協定を締結し、有効期間が始まる前までに届出をするのが望ましいとされています。

　労使協定の中には、労使間で「締結」をすれば労働基準監督署へ「届出」をしなくても免罰的効果が生じるものもありますが、三六協定については「締結」だけでなく「届出」をしてはじめて免罰的効果が発生するため、必ず届け出ることが必要です。

　なお、法改正によって法律に時間外労働の上限が規定されたため、三六協定で定める必要がある事項が変わりました。三六協定届の新しい様式例は25 〜 30ページのとおりです。

■■■ 特別条項付き三六協定とは

　労働者の時間外・休日労働については、労働基準法の規制に従った上で、三六協定により時間外労働や休日労働をさせることができる上限（限度時間）が決められます。しかし、実際の事業活動の中では、時間外・休日労働の限度時間を超過することもあります。そのような「特別な事情」に備えて特別条項付きの時間外・休日労働に関する協定（特別条項付き三六協定）を締結しておけば、限度時間を超えて時間外・休日労働をさせることができます。平成30年（2018年）成立の労働基準法改正により、特別条項付き三六協定による時間外・休日労働の上限などが労働基準法で明記されました。

　特別条項付き三六協定が可能となる「特別な事情」とは、「事業場における通常予見することのできない業務量の大幅な増加等に伴い臨時的に限度時間を超えて労働させる必要がある場合」（労働基準法36条５項）になります。

　そして、長時間労働を抑制するため、①１か月間における時間外・休日労働は100時間未満、②１年間における時間外労働は720時間以内、

③2〜6か月間における1か月平均の時間外・休日労働はそれぞれ80時間以内、④1か月間における時間外労働が45時間を超える月は1年間に6か月以内でなければなりません。これらの長時間労働規制を満たさないときは、刑事罰の対象となります（6か月以下の懲役または30万円以下の罰金）。

■■ 三六協定違反に対する罰則とリスク

三六協定に違反した場合、主に①刑事上のリスク、②民事上のリスク、③社会上のリスクを負うことになります。

① 刑事上の罰則

労働管理者（取締役、人事部長、工場長など）に懲役または罰金が科せられ、事業主にも罰金が科せられることになります。悪質な場合は労働管理者が逮捕されて取り調べを受ける場合もあります。

② 民事上のリスク

三六協定に違反する長時間労働をさせたことにより労働者が過労死した場合、会社には何千万円といった単位での損害賠償を命じる判決が出される可能性もあります。

③ 社会上のリスク

会社が刑事上・民事上の制裁を受けたことがマスコミによって公表されると、会社の信用に重大なダメージを負います。そうなると、これまで通りの事業を継続するのは難しくなるでしょう。近年、違法な長時間労働や残業代未払いが報道され、社会的関心が高まっていることを考えると、取り返しのつかない事態を防ぐため、事業主や労働管理者は三六協定違反にとりわけ慎重に対応すべきといえます。

■■ 上限規制の適用が猶予・除外されていた事業・業務について

前述したように、平成30年（2018年）成立の労働基準法改正で、平成31年（2019年）4月から長時間労働規制が導入（適用）されました。

建設事業（災害の復旧・復興の事業を除く）においても、令和6年（2024年）4月からは、時間外労働及び休日労働に関する協定を締結した上で、三六協定の内容に合った様式を作成し、所轄の労働基準監督署に届出を行う必要があります。ここでは、作成方法と記載例をみていきましょう。作成方法ですが、最初に「時間外労働及び休日労働に関する協定」を締結します。次に、「時間外労働及び休日労働に関する協定届」を作成します。作成が終わったら、「時間外労働及び休日労働に関する協定届」に「時間外労働及び休日労働に関する協定」を添付し、管轄の労働基準監督署に届け出ます。

　建設業務の場合には、月45時間超の時間外・休日労働が見込まれず、災害時の復旧・復興の対応が見込まれる場合（一般条項）には様式9号の3の2（28ページ）を使用します。月45時間超の時間外・休日労働が見込まれ、災害時の復旧・復興の対応が見込まれる場合限度時間を超える場合（特別条項）には、様式9号の3の3（29、30ページ）を使用します。

■■ 三六協定届の電子申請

　三六協定を届け出る際には、法律に定める要件を満たしていなければ受理されません。協定内容が法律の要件を満たしているかどうかについて確認するために、オンライン上で労働基準監督署に届出が可能な三六協定届の作成ができるツール（三六協定届等作成支援ツール）もありますので活用してみるとよいでしょう。

　https://www.startup-roudou.mhlw.go.jp/support.html

　また、三六協定の届出は電子申請で届出することも可能です。三六協定届や就業規則の届出など、労働基準法に関する届出等は、「e-Gov（イーガブ）」から、電子申請をすることができます。

様式第9号（第16条第1項関係）

時間外労働　　に関する協定届
休日労働

労働保険番号	都道府県 所掌 管轄 基幹番号 枝番号
	1 4 1 1 9 0 0 0 0 0
法人番号	7 0 1 2 0 0 0 0 0 0 1 2 3

事業の種類	事業の名称	事業の所在地（電話番号）	協定の有効期間
土木工事業	○○建設株式会社　○○営業所	（〒○○○－○○○○）○○市○○町○○１－２－３ （電話番号：○○○－○○○○－○○○○）	○○○○年4月1日から1年間

時間外労働

	時間外労働をさせる必要のある具体的事由	業務の種類	労働者数（満18歳以上の者）	所定労働時間（1日）（任意）	延長することができる時間数					
					1日		1か月（①については45時間まで、②については42時間まで）		1年（①については360時間まで、②については320時間まで）起算日 ○○○○年4月1日	
					法定労働時間を超える時間数	所定労働時間を超える時間数（任意）	法定労働時間を超える時間数	所定労働時間を超える時間数（任意）	法定労働時間を超える時間数	所定労働時間を超える時間数（任意）
① 下記②に該当しない労働者	突発的な仕様変更による納期の切迫	現場作業	10人	7.5時間	3時間	3.5時間	30時間	40時間	250時間	370時間
	臨時の受注対応	施工管理	3人	7.5時間	2時間	2.5時間	15時間	25時間	150時間	270時間
	機械、工具の故障等への対応	現場監督	3人	7.5時間	2時間	2.5時間	15時間	25時間	150時間	270時間
② 1年単位の変形労働時間制により労働する労働者	月末の決算事務	経理事務員	5人	7.5時間	3時間	3.5時間	20時間	30時間	200時間	320時間
	工程変更	施工管理	3人	7.5時間	3時間	3.5時間	20時間	30時間	200時間	320時間

休日労働

休日労働をさせる必要のある具体的事由	業務の種類	労働者数（満18歳以上の者）	所定休日（任意）	労働させることができる法定休日の日数	労働させることができる法定休日における始業及び終業の時刻
臨時の受注対応	施工管理	3人	土日祝日	1か月に1日	8：30～17：30
工程変更	経理事務	3人	土日祝日	1か月に1日	8：30～17：30

上記で定める時間数にかかわらず、時間外労働及び休日労働を合算した時間数は、1箇月について100時間未満でなければならず、かつ2箇月から6箇月までを平均して80時間を超過しないこと。☑（チェックボックスに要チェック）

協定の成立年月日　○○○○　年　3　月　12　日

協定の当事者である労働組合（事業場の労働者の過半数で組織する労働組合）の名称又は労働者の過半数を代表する者の　職名　経理担当事務員　氏名　山田　花子

協定の当事者（労働者の過半数を代表する者の場合）の選出方法（　投票による選挙　）

上記協定の当事者である労働組合が事業場の全ての労働者の過半数で組織する労働組合である又は上記協定の当事者である労働者の過半数を代表する者が事業場の全ての労働者の過半数を代表する者であること。☑（チェックボックスに要チェック）

上記労働者の過半数を代表する者が、労働基準法第41条第2号に規定する監督又は管理の地位にある者でなく、かつ、同法に規定する協定等をする者を選出することを明らかにして実施される投票、挙手等の方法による手続により選出された者であって使用者の意向に基づき選出されたものでないこと。☑（チェックボックスに要チェック）

○○○○　年　3　月　15　日

使用者　職名　代表取締役　氏名　田中　太郎

○○　労働基準監督署長殿

様式第9号の2（第16条第1項関係）

時間外労働　に関する協定届
休日労働

労働保険番号

都道府県	所掌	管轄	基幹番号	枝番号	被一括事業場番号
1 4	1	1 1	9 0 0 0 0 0	0 0 0	0 0 0 0 0

法人番号　7 0 1 0 2 0 3 0 0 1 2 3 4

協定の有効期間　○○○○年4月1日から1年間

事業の種類	事業の名称	事業の所在地（電話番号）
土木工事業	○○建設株式会社　○○営業所	（〒000-0000）○○市○○町1-2-3 （電話番号：000-0000-0000）

起算日（年月日）：○○○○年4月1日

時間外労働

区分	時間外労働をさせる必要のある具体的事由	業務の種類	労働者数（満18歳以上の者）	所定労働時間（1日）（任意）	延長することができる時間数 1日 法定	1日 所定（任意）	1か月（①については45時間まで、②については42時間まで）法定	1か月 所定（任意）	1年（①については360時間まで、②については320時間まで）法定	1年 所定（任意）
① 下記②に該当しない労働者	変更的な仕様変更による納期の切迫	現場作業	10人	7.5時間	3時間	3.5時間	30時間	40時間	250時間	370時間
	臨時の受注対応	施工管理	3人	7.5時間	2時間	2.5時間	15時間	25時間	150時間	270時間
	機械、工具の故障等への対応	現場管理	3人	7.5時間	2時間	2.5時間	15時間	25時間	150時間	270時間
② 1年単位の変形労働時間制により労働する労働者	日常の決済事務	経理事務員	5人	7.5時間	3時間	3.5時間	20時間	30時間	200時間	320時間
	工程変更	施工管理	3人	7.5時間	3時間	3.5時間	20時間	30時間	200時間	320時間

休日労働

休日労働をさせる必要のある具体的事由	業務の種類	労働者数（満18歳以上の者）	所定休日（任意）	労働させることができる法定休日の日数	労働させることができる法定休日における始業及び終業の時刻
臨時の受注対応	施工管理	3人	土日祝日	1か月に1日	8：30～17：30
機械、工具の故障等への対応	現場管理	3人	土日祝日	1か月に1日	8：30～17：30

上記で定める時間数にかかわらず、時間外労働及び休日労働を合算した時間数は、1箇月について100時間未満でなければならず、かつ2箇月から6箇月までを平均して80時間を超過しないこと。☑（チェックボックスに要チェック）

書式3　三六協定届（通常時の特別条項その2）

様式第9号の2（第16条第1項関係）

時間外労働／**休日労働** に関する協定届（特別条項）

臨時的に限度時間を超えて労働させることができる場合

業務の種類	労働者数（満18歳以上の者）	1日（任意）			1箇月（時間外労働及び休日労働の合計時間数。100時間未満に限る。）（任意）			1年（時間外労働のみの時間数。720時間以内に限る。）起算日　○○○○年4月1日		
		延長することができる時間数 法定労働時間を超える時間数	所定労働時間を超える時間数（任意）	限度時間を超えて労働させることができる回数（6回以内に限る。）	延長することができる時間数 法定労働時間を超える時間数	所定労働時間を超える時間数（任意）	限度時間を超えた労働に係る割増賃金率	延長することができる時間数 法定労働時間を超える時間数	所定労働時間を超える時間数（任意）	限度時間を超えた労働に係る割増賃金率
突発的な仕様変更への対応　現場作業	10人	6時間	6.5時間	4回	60時間	70時間	35%	550時間	670時間	35%
納期ひっ迫への対応　現場作業	10人	6時間	6.5時間	3回	60時間	70時間	35%	500時間	620時間	35%
大規模工事移行トラブル対応　施工管理	3人	6時間	6.5時間	3回	55時間	65時間	35%	450時間	570時間	35%

限度時間を超えて労働させる場合における手続　（該当する番号）①、③、⑩　労働者代表に対する事前申し入れ

限度時間を超えて労働させる労働者に対する健康及び福祉を確保するための措置
（該当する番号）①、③、⑩
・対象労働者への医師による面接指導の実施。
・対象労働者に11時間の勤務間インターバルを設定。
・1箇月について100時間未満でなければならず、かつ2箇月から6箇月までを平均して80時間を超過しないこと。（チェックボックスに要チェック）☑
・職場での時短対策会議の開催

上記で定める時間数にかかわらず、時間外労働及び休日労働を合算した時間数は、1箇月について100時間未満でなければならず、かつ2箇月から6箇月までを平均して80時間を超えないこと。☑（チェックボックスに要チェック）

協定の成立年月日　○○○○年　3月　12日

協定の当事者である労働組合（事業場の労働者の過半数で組織する労働組合）の名称又は労働者の過半数を代表する者の
職名　経理担当事務員
氏名　山　田　花　子

協定の当事者（労働者の過半数を代表する者の場合）の選出方法（　投票による選挙　）

上記協定の当事者である労働組合が事業場の全ての労働者の過半数で組織する労働組合である又は上記協定の当事者である労働者の過半数を代表する者が事業場の全ての労働者の過半数を代表する者であること。☑（チェックボックスに要チェック）

上記労働者の過半数を代表する者が、労働基準法第41条第2号に規定する監督又は管理の地位にある者でなく、かつ、同法に規定する協定等をする者を選出することを明らかにして実施される投票、挙手等の方法による手続により選出された者であつて使用者の意向に基づき選出されたものでないこと。☑（チェックボックスに要チェック）

○○○○年　3　月　15　日

使用者　職名　代表取締役
氏名　田　中　太　郎

○○　労働基準監督署長殿

様式第9号の3の2（第70条関係）

時間外労働／休日労働に関する協定届

労働保険番号						
都道府県 1 4	所掌 1	管轄 1 1	基幹番号 9 0 0 0 0	枝番号 0 0 0		

法人番号
7 0 1 0 2 0 0 3 0 0 1 2 3 4

事業の種類	事業の名称	事業の所在地（電話番号）	協定の有効期間
土木工事業	○○建設株式会社 ○○支店	（〒○○○-○○○○）○○市○○町1-2-3 （電話番号：○○○-○○○○-○○○○）	○○○○年4月1日から1年

時間外労働 ① 下記②に該当しない労働者

時間外労働をさせる必要のある具体的事由	業務の種類	労働者数（満18歳以上の者）	所定労働時間（1日）（任意）	1日 延長することができる時間数	1箇月（①については45時間まで、②については42時間まで）	1年（①については360時間まで、②については320時間まで）起算日○○○○年4月1日
突発的な仕様変更による納期の切迫	現場作業	15人	8時間	5時間	45時間	360時間
臨時の受注対応	施工管理	10人	8時間	3時間	30時間	250時間
悪天候による工期遅延の解消	現場監督	10人	8時間	3時間	30時間	250時間
台風被害からの復旧作業	現場作業	15人	8時間	5時間	45時間	360時間
月末の決算業務	経理事務員	5人	8時間	2時間	20時間	200時間

休日労働

休日労働をさせる必要のある具体的事由	業務の種類	労働者数（満18歳以上の者）	所定休日（任意）	労働させることができる法定休日の日数	労働させることができる法定休日における始業及び終業の時刻
臨時の受注対応	施工管理	5人	毎週2回	1か月に1回	9:00～18:00
台風被害からの復旧作業	現場作業	15人	毎週2回	1か月に3回	9:00～20:00

☑（チェックボックスを要チェック）

上記で定める時間数にかかわらず、時間外労働及び休日労働を合算した時間数は、1箇月について100時間未満でなければならず、かつ2箇月から6箇月までを平均して80時間を超過しないこと。☑（チェックボックスを要チェック）

協定の成立年月日　○○○○年　3月　12日

協定の当事者である労働組合（事業場の労働者の過半数で組織する労働組合）の名称又は労働者の過半数を代表する者の
職名　経理担当事務員
氏名　山田 花子

協定の当事者（労働者の過半数を代表する者の場合）の選出方法（　投票による選挙　）

上記協定の当事者である労働組合が事業場の全ての労働者の過半数で組織する労働組合である又は上記協定の当事者である労働者の過半数を代表する者が事業場の全ての労働者の過半数を代表する者であること。☑（チェックボックスを要チェック）
上記労働者の過半数を代表する者が、労働基準法第41条第2号に規定する監督又は管理の地位にある者でなく、かつ、同法に規定する協定等をする者を選出することを明らかにして実施される投票、挙手等の方法による手続により選出された者であって使用者の意向に基づき選出されたものでないこと。☑（チェックボックスを要チェック）

○○○○年　3月　12日

○○労働基準監督署長殿

使用者　職名　代表取締役　氏名　田中 太郎

様式第9号の3の3（第70条関係）

時間外労働
休日労働 に関する協定届

労働保険番号　1 4 1 1 1 ｜ 9 0 0 0 0 0 ｜ 0 0 0
法人番号　7 ｜ 0 1 0 2 0 3 0 0 1 2 3 4

事業の種類	事業の名称	事業の所在地（電話番号）	協定の有効期間
土木工事業	〇〇建設株式会社 〇〇支店	（〒000-0000）〇〇市〇〇町1-2-3（電話番号：000-0000-0000）	〇〇〇〇年4月1日 から1年

時間外労働

	時間外労働をさせる必要のある具体的事由	業務の種類	労働者数（満18歳以上の者）	所定労働時間（1日）（任意）	延長することができる時間数 1日 法定労働時間を超える時間数	所定労働時間を超える時間数（任意）	1箇月（①については45時間まで、②については42時間まで） 法定労働時間を超える時間数	所定労働時間を超える時間数（任意）	1年（①については360時間まで、②については320時間まで）起算日（年月日）〇〇〇〇年4月1日 法定労働時間を超える時間数	所定労働時間を超える時間数（任意）
① 下記②に該当しない労働者	変形的な仕様変更による納期の切迫	現場作業	15人	8時間	5時間	5時間	45時間	45時間	360時間	360時間
	臨時の受注対応	施工管理	10人	8時間	3時間	3時間	30時間	30時間	250時間	250時間
	機械、工具の故障等への対応	現場監督	15人	8時間	5時間	5時間	45時間	45時間	360時間	360時間
② 1年単位の変形労働時間制により労働する労働者	月末の決算業務	経理事務員	5人	8時間	2時間	2時間	20時間	20時間	200時間	200時間

休日労働

休日労働をさせる必要のある具体的事由	業務の種類	労働者数（満18歳以上の者）	所定休日（任意）	労働させることができる法定休日の日数	労働させることができる法定休日における始業及び終業の時刻
臨時の受注対応	施工管理	5人	毎週2回	1か月に1日	9：00〜18：00
機械、工具の故障等への対応	現場管理	15人	毎週2回	1か月に1日	9：00〜18：00

上記で定める時間数にかかわらず、時間外労働及び休日労働を合算した時間数は、1箇月について100時間未満でなければならず、かつ2箇月から6箇月までを平均して80時間を超過しないこと（災害時における復旧及び復興の事業に従事する場合は除く。）。　☑（チェックボックスに要チェック）

書式6　三六協定届（災害時の特別条項その2）

様式第9号の3の3（第70条関係）

時間外労働
休日労働　に関する協定届（特別条項）

	業務の種類	労働者数（満18歳以上の者）	1日（任意）延長することができる時間数／所定労働時間を超える時間数（任意）		1箇月（時間外労働及び休日労働を合算した時間数。100時間未満に限る。）限度時間を超えて労働させることができる回数／延長することができる時間数及び休日労働の時間数／所定労働時間を超える時間数（任意）／限度時間を超えた労働に係る割増賃金率				1年（時間外労働のみの時間数。720時間以内に限る。）起算日（年月日）○○○○年4月1日／延長することができる時間数／所定労働時間を超える時間数（任意）／限度時間を超えた労働に係る割増賃金率		
臨時的に限度時間を超えて働かせることができる場合　① 工作物の建設等の事業に従事する場合	大規模な施工トラブル対応　施工監理	10人	6時間	6時間	3回	60時間	60時間	35%	500時間	500時間	35%
	突発的な仕様変更への対応、納期のひっ迫への対応　現場作業	15人	6時間	6時間	4回	80時間	80時間	35%	550時間	550時間	35%
② 災害時における自治体からの要請に基づく復旧・復興の事業に従事する場合	維持管理項目に基づく　施工監理	5人	7時間	7時間	3回	60時間	60時間	35%	700時間	700時間	35%
	災害時復旧項目に基づく　現場作業	8人	7時間	7時間	4回	120時間	120時間	35%	700時間	700時間	35%

限度時間を超えて労働させる場合における手続　労働者代表に対する事前申し入れ

限度時間を超えて労働させる労働者に対する健康及び福祉を確保するための措置（該当する番号）（1）、（3）、（10）　対象労働者への医師による面接指導の実施、対象労働者に11時間の勤務間インターバルを設定、職場での懇談会議の開催　☑（チェックボックスに要チェック）

上記で定めるもののほか、時間外労働及び休日労働を合算した時間数は、1箇月について100時間未満でなければならず、かつ2箇月から6箇月までを平均して80時間を超過しないこと。☑（チェックボックスに要チェック）

協定の成立年月日　○○○○年　3月　12日

協定の当事者である労働組合（事業場の労働者の過半数で組織する労働組合）の名称又は労働者の過半数を代表する者の　職名　経理担当事務員　氏名　山田　花子

協定の当事者（労働者の過半数を代表する者の場合）の選出方法（　投票による選挙　）

上記協定の当事者である労働組合が事業場の全ての労働者の過半数で組織する労働組合である又は上記協定の当事者である労働者の過半数を代表する者が事業場の全ての労働者の過半数を代表する者であること。☑（チェックボックスに要チェック）

上記労働者の過半数を代表する者が、労働基準法第41条第2号に規定する監督又は管理の地位にある者でなく、かつ、同法に規定する協定等をする者を選出することを明らかにして実施される投票、挙手等の方法による手続により選出された者であって使用者の意向に基づき選出されたものでないこと。☑（チェックボックスに要チェック）

○○○○年　3月　12日

使用者　職名　代表取締役　氏名　田中　太郎

○○　労働基準監督署長殿

30

4 労働時間や休憩・休日のルールはどうなっているのか

週40時間、1日8時間の労働時間が大原則である

■■ 週40時間・1日8時間の法定労働時間

使用者は、たとえ繁忙期であるとしても、労働者に対して無制限に労働を命じることはできません。労働基準法には「法定労働時間（週40時間、1日8時間）を超えて働かせてはならない」という原則があります。違反者には刑事罰（6か月以下の懲役または30万円以下の罰金）が科されるとともに、程度によっては、厚生労働省によって企業名が公表されます。

労働時間は休憩時間を除外して計算しますが、休憩時間についても労働基準法に定めがあります。使用者は労働者に対し、労働時間が6時間を超える場合は45分以上、8時間を超える場合は1時間以上の休憩時間を与えなければならず、休憩時間は労働時間の途中に一斉に与えなければなりません（労働基準法34条）。ただし、交替で休憩させる場合など労使協定により例外が認められます。

多くの職場では休憩時間を昼食時に設定しています。一斉に与えなければならない（一斉付与の原則）としているのは、バラバラに休憩をとると休憩がとれない場合や、休憩時間が短くなる労働者が出ることを防ぐためです。また、労働者が労働から完全に解放されることを保障するため、休憩時間中は労働者を拘束してはならず、自由に利用させなければなりません（自由利用の原則）。

■■ 「働き方改革法」との関係

長らく労働法制には、長時間労働の是正と、多様な働き方に関する法制化が求められてきました。平成30年（2018年）の通常国会で「働

き方改革法」（働き方改革を推進するための関係法律の整備に関する法律）が成立しました。長時間労働の是正については平成31年（2019年）4月から施行されており、多様な働き方に関する事項については、令和2年4月から施行されています。

長時間労働の是正策として、「労働時間等の設定の改善に関する特別措置法」の改正により、労働者の健康で充実した生活を実現する観点から、使用者（事業主）は、前日の終業時刻と翌日の始業時刻との間に一定時間の休息を労働者のために設定するように努めることが明記されました（勤務間インターバル制度の普及促進）。

また、労働基準法改正では、労働時間の是正策として、罰則付きの時間外労働の上限規制などが設けられました（12ページ）。

▓▓ 法定内残業と時間外労働

使用者は法定労働時間を守らなければならないのが原則ですが、災害をはじめ臨時の必要性があり許可を得ている場合や、三六協定の締

■ 休憩時間のしくみ ･･･

休憩時間
- 1日の労働時間が6時間超えで45分
- 1日の労働時間が8時間超えで1時間

原則
一斉付与の原則

例外
- 書面で労使協定を結んだ場合（届出不要）や、一定の業種（運輸交通業、商業、保健衛生業など）は、一斉に与えなくてもよい
- 一定の地位にある者（管理監督者など）は、休憩時間の適用が除外される

労使協定
① 一斉に与えない労働者の範囲
② ①の労働者に対する休憩の付与方法

結・届出がある場合には、例外的に法定労働時間（週40時間、1日8時間）を超えて労働者を業務に従事させることができます。法定労働時間を超える労働を時間外労働といい、時間外労働に対しては割増賃金を支払わなければなりません。

　もっとも、就業規則で定められた終業時刻後の労働すべてに割増賃金の支払が必要であるわけではありません。

　たとえば、会社の就業規則で9時始業、17時終業で、昼休み1時間と決められている場合、労働時間は7時間ですから、18時まで「残業」しても8時間の枠は超えておらず、時間外労働にはなりません。この場合の残業を法定内残業といいます。法定内残業は時間外労働ではないため、使用者は割増賃金ではなく、通常の賃金を支払えばよいわけですが、法定内残業について使用者が割増賃金を支払うことも可能です。さらに、働き方改革法に伴う労働基準法改正により、原則として月45時間、年360時間という時間外労働の上限が労働基準法の規定で明示されました。

　ただし、特別条項付き協定により、これらより長い時間外労働の上限を定めることも認められます。その場合であっても、①年720時間を超えてはならない、②月45時間を超える月数は1年に6か月以内に抑えなければならない、③1か月100時間未満に抑えなければならない、④複数月の平均を月80時間以内に抑えなければならない、という規制に従わなければなりません（11〜12ページ）。

■■ 「週1日の休日」が原則

　労働基準法は「使用者は、労働者に対して、毎週少なくとも1回の休日を与えなければならない」と定めています。この「週1日の休日」を法定休日といい、それ以外の休日を所定休日といいます。労働基準法は法定休日の曜日を指定していませんが、就業規則の中で曜日などを決めて法定休日とするのが望ましいといえます。

法定休日について、会社は労働者に毎週１日以上の休日を与えるのではなく、４週を通じて４日以上の休日を与えるとする制度をとることもできます。これを変形週休制といいます。

■■ 法定休日の労働は禁止されている

　法定休日の労働を休日労働といい、休日労働は三六協定の締結・届出がある場合以外は原則禁止されています。「１週で１日」または「４週で４日」の法定休日は、労働者が人間らしい生活をするために最低限必要なものだといえるからです。一方、週休２日制を採用している場合、２日の休みのうち１日は法定休日ではなく所定休日ですから、所定休日とされる日に仕事をさせても、原則禁止されている休日労働には該当しません。

■■ 休暇とは

　労働者の申し出により労働が免除される日を休暇といいます。たとえば、慶弔休暇、夏期休暇、年末年始休暇などです。取得できる休暇は就業規則などで定めます。労働基準法が規定する休暇は「年次有給休暇」です。有休や年休とも呼ばれています。

　働き方改革法では、平成31年（2019年）４月以降、すべての企業は年10日以上の有休が付与される労働者に対して、年５日以上有休を取得させなければなりません。

■■ 振替休日や代休とは何か

　使用者が労働者に休日労働をさせた場合、使用者は35％以上の割増率を加えた割増賃金の支払いが必要ですが、その際に振替休日と代休の区別が重要になります。

　振替休日とは、就業規則などで法定休日が決まっている場合に、事前に法定休日を他の労働日と入れ替え、代わりに他の労働日を法定休

日とすることです。

　一方、代休とは、法定休日に労働させたことが前提で、使用者がその労働の代償として事後に与える休日のことです。この場合、使用者には法定休日の労働に対して割増賃金の支払義務が生じます。

　たとえば、使用者と労働者との間で、日曜日を出勤日にする代わりに木曜日を法定休日にする、という休日の交換を事前に取り決めていたとします。この場合、交換後の休日になる木曜日が「振替休日」となります。そして、出勤日になる日曜日は通常の労働日と同じものと扱われますので、通常の賃金が支払われます。たとえば、1時間あたり1000円の労働者Aが8時間労働した場合、「1000円× 8時間＝8000円」の賃金が支払われます。一方、木曜日は本来の法定休日であった日曜日との交換に過ぎませんので、賃金は発生しません。

　これに対し、事前の休日の交換なく日曜日に出勤して、代わりに木曜日が休日になった場合、日曜日の労働は休日労働として割増賃金（35％増）が支払われます。たとえば、上記の労働者Aの場合は、「1000円× 8時間×1.35＝10800円」が支払われます。一方、日曜日の労働の「代休」となる木曜日は、賃金が支払われません（ノーワークノーペイの原則）。

■■ 振替休日にするための要件

　休日を入れ替えた日を振替休日にするには、①就業規則などに「業務上必要が生じたときには、休日を他の日に振り替えることがある」という規定を設けること、②事前に休日を振り替える日を特定しておくこと、③遅くとも前日の勤務時間終了までに当該労働者に通知しておくこと、という要件を満たすことが必要です。さらに1週1日または4週4日の法定休日が確保されていることも必要です。

5 賃金や平均賃金について知っておこう

賃金とは労働の対償として使用者が労働者に支払うすべてのもの

■■賃金とは何か

　賃金は、一般的に「給与」と呼ばれています。労働基準法上の賃金には、労働の直接の対価だけでなく、家族手当、住宅手当のように労働の対価よりも生計の補助として支払うものや、通勤手当のように労働の提供をより行いやすくさせるために支払うものも含まれるとされています。さらに、休業手当、年次有給休暇中の賃金のように、実際に労働しなくても労働基準法が支払いを義務付けている賃金も含みます。

　法律によって「給与」の範囲が異なる場合もあります。たとえば、労働基準法では、労働契約・就業規則・労働協約などによって支給条件があらかじめ明確にされている退職金や結婚祝金・慶弔金などは、給与に含めます。

　一方、社会保険（健康保険や厚生年金保険）では、退職金や結婚祝金・慶弔金などは、労働契約・就業規則・労働協約などによってあらかじめ支給条件が明確にされていても、給与（社会保険では給与のことを「報酬」といいます）に含めません。

■■出来高払制の保障給とは

　出来高払制その他の請負制は、仕事量の変動によって賃金額が大きく変動します。労働基準法では、最低限の生活ラインを維持するための規定を設けています。つまり、労務を提供した以上、その仕事量が少ない場合であっても、労働時間に応じて一定額の賃金（保障給）の支払いを保障することを義務付けています（労働基準法27条）。ここでの保障給とは、「労働時間1時間につきいくら」と定める時間給で

あることを原則としています。労働者の実労働時間の長短と関係なく一定額を保障するものは保障給にあたりません。

　また、全額請負制だけでなく一部の請負制についても保障の対象になりますが、賃金構成で固定給の部分が賃金総額の6割程度以上を占める場合には、請負制に該当しないとされています。

　そして、保障給は「労働時間に応じ」とされていますから、前述したように時間給によって金額を決めなければなりません。日・週・月によって保障給を設定することもできますが、この場合も労働時間の増減に応じて金額が変わるようにすることが必要です。また、時間外労働を行った場合は割増賃金の支払義務も生じます。なお、出来高払制の労働者に対しても、原則として最低賃金法が適用されます。

■■ 平均賃金とは

　有給休暇を取得した場合や、労災（労働災害）などによって休業した場合など、何らかの事情で労働しなかった期間であっても、賃金が支払われることがあります。この場合、その期間の賃金額は、会社側が一方的に決めるのではなく、労働基準法の規定に基づいて1日の賃金額を算出し、その額に期間中の日数を乗じた額とすることになっています。その基準となる1日の賃金額を平均賃金と呼びます。

　労働基準法12条によると、平均賃金の算出方法は「これを算定すべき事由の発生した日以前3か月間にその労働者に対し支払われた賃金の総額を、その期間の総日数で除した金額」とされています。平均賃金は、次のような場合に使用されます。

① **解雇を予告するとき**

　労働者を解雇する際に30日前に予告をしない場合、使用者は30日分以上の平均賃金を解雇予告手当金として支払う必要があります（労働基準法20条）。

② **休業手当を支給するとき**

機械故障や業績不振など、使用者側の責任で労働者を休業させる場合、使用者は、休業期間中の労働者に、平均賃金の100分の60以上の手当を支給しなければなりません（労働基準法26条）。就業規則などに定めがない場合は、平均賃金の100分の60が支給されます。

③ 年次有給休暇を取得するとき

労働者が年次有給休暇を取得する場合、取得日の賃金額は、平均賃金、健康保険の標準報酬日額、または所定労働時間労働した場合に支払われる通常の賃金を用いて算定します（労働基準法39条）。

④ 災害補償をするとき

業務上の負傷または疾病によって労働者が休業する場合や、労働者が業務上死亡した場合、使用者が補償する賃金については、平均賃金を基準に算定します（労働基準法第8章）。

⑤ 懲戒処分の減給額の基準

不祥事などを起こした場合、会社から懲戒処分として減給処分を受けることもありますが、減給額は1回の処分につき平均賃金の1日分の半額を超えてはならず、1か月を合計して賃金総額の10分の1を超えてはならないという制限が設けられています（労働基準法91条）。

平均賃金の基準になる「3か月（3か月間の総日数）」とは、暦の上の日数のことです。また、算定の対象となる「賃金の総額」には、基本給の他、通勤手当や時間外手当などの諸手当も含まれますが、臨時に支払われた賃金や3か月を超える期間ごとに支払われた賃金などは「賃金の総額」から控除されます。

■■ 休業手当とは

前述したように、法律の規定に基づく休業について、その休業が使用者の責任により発生した場合、使用者は休業期間中、労働者に対し、その平均賃金の60％以上の手当を支払わなければなりません。これを休業手当といいます。

休業手当の支払義務が発生する休業理由として、①工場の焼失、②機械の故障・検査、③原材料不足、④流通機構の停滞による資材入手難、⑤監督官庁の勧告による操業停止、⑥経営難による休業、⑦違法な解雇による休業などが挙げられます。

　「60％」というのは、あくまで労働基準法に規定された最低額ですので、就業規則などによって60％を超える休業手当を支払うことを規定している場合は、その規定に従います。休業手当の支払いに際しては雇用調整助成金の利用を検討するのがよいでしょう。雇用調整助成金とは、経済上の理由による企業収益の悪化で、事業活動の縮小を迫られた事業主（使用者）が、労働者を一時的に休業、教育訓練、出向をさせた場合に、必要な手当や賃金等の一部を助成する制度のことです。

　なお、休業手当支払義務は、使用者の合理的な理由のない違法な解雇（上記の⑦）についても適用されるため、解雇が無効となった場合、解雇期間中については平均賃金の60％以上の休業手当を労働者に保障しなければなりません。労働者が解雇期間中に他の職業に就き、給料など利益を得ていたとしても、使用者が控除できるのは、平均賃金の40％が上限です。

　また、派遣中の労働者については、派遣元と派遣先が存在します。派遣労働者の場合、派遣先ではなく、雇用主である派遣元を「使用者」として、その帰責事由の有無が判断されます。

■■ 1日の一部だけ休業した場合

　1労働日が全休となった場合の他、1労働日の所定労働時間の一部が休業となった一部休業の場合も、休業手当の支払義務が生じます。休業手当は、1労働日についてまったく就労しなくても平均賃金の60％以上を保障するので、1労働日について就労した時間の割合で賃金が支払われたとしても、それが平均賃金の60％未満である場合は、60％との差額を休業手当として支払う必要があります。

6 割増賃金について知っておこう

残業などには所定の割増賃金の支給が義務付けられている

■■ 割増賃金とは

　使用者は、労働基準法37条により、労働者の時間外・深夜・休日労働に対して、割増賃金の支払義務を負います。

　割増率については、まず、法定労働時間（原則として1日8時間、1週40時間）を超えて労働者を働かせた時間外労働の割増率は25％以上です。ただし、1か月60時間を超える部分についての時間外労働の割増率は50％以上です。令和5年（2023年）4月1日以降は、この50％の割増率が中小企業にも適用されています。

　次に、深夜労働（原則として午後10時から午前5時まで）についても、同様に25％以上の割増率です。時間外労働と深夜労働が重なった場合、2つの割増率を合計することになりますので、50％以上の割増率です（時間外労働が1か月60時間を超えている場合の割増率は75％以上）。

　また、法定休日に労働者を働かせた場合は、休日労働として35％以上の割増率になります。休日労働と深夜労働が重なった場合、割増率は60％以上になります。

■■ 割増賃金の計算の手順

　割増賃金を計算する手順は、まず月給制や日給制などの支払方法にかかわらず、すべての労働者の1時間あたりの賃金を算出します。

　その額に割増率を掛けた金額が割増賃金になります。

　賃金には労働の対償として支給されるものの他、個人的事情にあわせて支給される賃金もあります。家族手当や通勤手当がこれにあたります。これらの個人的事情にあわせて支給される賃金は割増賃金の計

算の基礎となる賃金から除くことになっています。

　割増賃金の計算の基礎から除く手当としては、①家族手当、②通勤手当、③別居手当、④子女教育手当、⑤住宅に要する費用に応じて支給する住宅手当、⑥臨時に支払われた賃金、⑦１か月を超える期間ごとに支払われる賃金があります。

■■ 時間給の計算方法

　割増賃金は１時間あたりの賃金を基礎とするので、まずは時間給を計算します。

① 　時給

　時給とは、１時間あたりいくらで仕事をするという勤務形態です。時給の場合、その時給がそのまま１時間あたりの賃金になります。

　１時間あたりの賃金＝時給

② 　日給

　日給とは１日あたりいくらで仕事をするという勤務形態です。日給の場合、日給を１日の所定労働時間で割って１時間あたりの賃金を算出します。

　１時間あたりの賃金＝日給÷１日の所定労働時間

③ 　出来高払い

　歩合給などの出来高払いの賃金の場合、出来高給の金額を１か月の総労働時間数で割った金額が１時間あたりの賃金になります。

　１時間あたりの賃金＝出来高給÷１か月の総労働時間数

④ 　月給

　月給は、給与を月額いくらと定めて支払う方法です。月給の場合、月給の額を１か月の所定労働時間で割って１時間あたりの賃金を算出します。

　１時間あたりの賃金＝月給÷１か月の所定労働時間

　ただし、１か月の所定労働時間は月によって異なるにもかかわらず、

月ごとに所定労働時間を計算してしまうと、毎月の給与は同じであっても割増賃金の単価（1時間あたりの賃金）が毎月違う、という不都合が生じてしまいます。そこで、月給制の1時間あたりの賃金を計算する場合、年間の所定労働時間から1か月あたりの平均所定労働時間を計算して、「月給（基本給）÷1か月の平均所定労働時間」を求めた金額を1時間あたりの賃金とします。

■ 割増賃金の計算方法 ……………………………………………

前提

・基本給のみの月給制
・1日の所定労働時間は8時間（始業9時・終業18時・休憩1時間）
・完全週休2日制（法定休日は日曜日）

❶ 賃金単価の算出

| 基本給 | ÷ | 1か月 平均所定労働時間 | = | 1時間あたりの賃金単価 |

❷ 1か月の残業時間、深夜労働時間及び法定休日労働時間の算出

・1日ごとの残業時間（法定外休日労働時間を含む）を端数処理せずに1か月を合計
・1日ごとの深夜労働時間を端数処理せずに1か月を合計
・法定休日労働時間を端数処理せずに1か月を合計

❸ 1か月の割増賃金の算出

60時間までの残業時間	×	1時間賃金単価	×	割増率（1.25以上）	=	60時間までの残業の割増賃金	**A**
60時間を超える残業時間	×	1時間賃金単価	×	割増率（1.5以上）	=	60時間を超える残業の割増賃金	**B**
深夜労働時間	×	1時間賃金単価	×	割増率（0.25以上）	=	深夜労働の割増賃金	**C**
法定休日労働時間	×	1時間賃金単価	×	割増率（1.35以上）	=	法定休日労働の割増賃金	**D**

❹ 受け取る賃金の算出

A ＋ **B** ＋ **C** ＋ **D** ＝ 1か月の受け取る割増賃金の合計額

Case 作業現場の監督者にはある程度裁量を与えているのですが、このような労働者にも残業代の支払いが必要でしょうか。

....

回答 一般に管理職は、労働基準法41条2号の「監督もしくは管理の地位にある者」とされ、これを管理監督者（管理者）といいます。管理監督者には、労働基準法上の労働時間（32条）、休憩（34条）、休日（35条）の規定が適用されないため、通常は時間外手当（割増賃金）の代わりに管理職手当が支給されます。というのも、管理監督者は、自分自身が、労働者の労働時間や休日を決定する権限を持っています。そのため、時間外労働を行ったとしても、他の労働者とは異なり、自らの判断に基づいているため割増賃金の対象から除かれます。

　管理監督者といえるかどうかは、形式的な役職の名称ではなく、実際の職務内容、責任と権限、勤務態様、待遇がどうであるかといった点を総合的に判断する必要があります。

　職務内容・責任と権限については、経営の方針決定に参画する者であるか、または労務管理上の指揮権限を有する者でなければなりません。勤務態様については、出退勤について厳格な規制を受けていないことが要求されます。待遇については、管理監督者として相応しい賃金を受けていることが重要です。

　質問のケースでは、「作業現場の監督者にはある程度裁量を与えている」とのことですが、上記の点から判断して名目だけでなく実態上も管理監督者であると認められれば、残業代の支払いは不要です。

　なお、仮に労働基準法上の管理監督者にあたるとしても、深夜の時間帯（午後10時から午前5時）に労働させた分の深夜割増賃金の支払いは必要になりますから、必ず支払うようにしなければなりません。

労働者を雇用する場合の注意点について知っておこう

■■ 雇用関係の確認が重要

　建設業法は、建設工事の適正な施工を確保するために、工事現場ごとに、配置技術者（主任技術者または監理技術者）の設置を義務付けています。このうち主任技術者は、元請、下請の別に関係なく、工事現場ごとに配置しなければなりません（26条1項）。また、特定建設業者が下請契約の合計4000万円以上（建築一式工事は6000万円以上）の建設工事を施工する場合は、主任技術者に代えて監理技術者を配置しなければなりません（26条2項）。

　さらに、配置技術者は建設業者と「直接かつ恒常的な雇用関係を有する」ものでなければなりませんから、出向者（親会社から連結子会社への出向者は除く）、派遣労働者、1つの工事期間のみの短期雇用者などを配置技術者に選任することは認められていません。

・JV（建設共同企業体）で使用する労働者の雇用関係

　JVを使用者（雇用主）とする雇用契約の締結ができないため、JVの代表会社が労働者と雇用契約を締結することになります。

　一方、派遣労働者を使用する場合、JVは派遣会社と労働者派遣契約を締結することができます。ただし、建設業務（土木、建築その他工作物の建設・改造・保存・修理・変更・破壊や解体の作業、またはこれらの準備作業に直接関わる業務）に関しては、労働者派遣が禁止されていることに注意を要します（労働者派遣法4条1項2号）。建設工事に関係するもので労働者派遣が可能な業務は、現場事務所での事務員、調理業務、設計業務、測量業務、施工管理業務（現場監督）などに限られ、工事作業を伴う業務には労働者派遣が利用できません。

・請負契約による一人親方との関係

　建設業において作業に従事する者には、雇用契約に基づくものや請負契約に基づくものなどが存在します。後者にあたるものとして、いわゆる一人親方（従業員がいない個人事業主）があります。

　両者は、下表のように法的な取扱いが異なるため、十分注意が必要です。使用者がその違いを理解せずに作業に従事させていると、作業中の事故により一人親方が死傷した場合など、労災適用や損害賠償請求をめぐってトラブルが生じることがあります。また、請負契約により一人親方が現場監督を行う場合など、元請業者との指揮命令関係から偽装請負に該当すると判断される可能性があり、みなし労働者と認定された場合、労災保険の適用があります。

　一人親方については請負契約を締結しているため、労働基準法上の労働者に該当せず、労災保険の適用がありません。しかし、一人親方が労災保険に加入できる「一人親方労災保険特別加入制度」（一人親方労災保険）が設けられています。これに加入していること（未加入であれば加入すること）を条件に請負契約を締結すべきでしょう。

■ 雇用契約に基づく労働者と請負契約の一人親方の違い ‥‥‥‥

雇用契約に基づく労働者	請負契約の一人親方
労働基準法上の労働者	労働基準法上の労働者ではない
使用者の指揮命令を受ける	注文者の指揮命令を受けず、大幅な裁量が与えられている
使用者の指揮監督下にある労働時間により「賃金」が支払われる	労働時間ではなく、仕事の完成をもって「報酬」が支払われる
工具類等は使用者が用意し、会社負担	工具類等は本人が用意し、本人負担
労災保険の適用がある	労災保険の適用がない（特別加入は可能）
労働者名簿、出勤簿、賃金台帳の作成 毎月１回以上の賃金支払 健康診断を受診させる義務あり	注文の都度、請負契約を締結 報酬の支払いは契約条件による 健康診断を受診させる義務なし

8 労働者を採用した場合の手続きについて知っておこう

従業員を採用した場合には、資格取得の手続きをする

■■ 新しく社員を雇ったときの労働保険の手続き

雇用保険は、採用した従業員の雇用形態や年齢、従業員と会社との間の雇用契約の内容によって、加入できるかどうか（被保険者となるかどうか）を判断します。

雇用保険の被保険者資格には4種類あるため、採用する労働者が正規労働者でなくても以下の場合には被保険者としての手続きが必要になります。

・1週間の所定労働時間が20時間以上であり、31日以上雇用される見込みがある労働者（一般被保険者）

・一般被保険者のうち65歳以上の者（高年齢被保険者）

・4か月を超えて季節的に雇用される者（短期雇用特例被保険者）

・30日以内の期間を定めて雇用される、または日々雇用される者（日雇労働被保険者）

従業員を採用したときに公共職業安定所に提出する書類は「雇用保険被保険者資格取得届」です。採用した日の翌月10日までに、管轄の公共職業安定所に届けます。添付書類は、①労働者名簿、②出勤簿（またはタイムカード）、③賃金台帳、④労働条件通知書等（有期労働者の場合）、⑤雇用保険被保険者証（過去に雇用保険に加入したことがある者）です。

■■ 健康保険と厚生年金保険の手続き

健康保険と厚生年金保険は、同時に手続きを行います。

・被保険者資格取得届の提出

　新しく従業員を採用した場合、「健康保険厚生年金保険被保険者資格取得届」を所轄年金事務所に提出します。健康保険組合がある会社については、その健康保険組合に提出します。

　被保険者資格取得届には、マイナンバー、または基礎年金番号を記入します。採用した従業員がいずれの番号もわからない場合は、「基礎年金番号通知書再交付申請書」（年金手帳は令和4年3月に廃止）を取得届と同時に提出します。届出は、採用した日から5日以内に管轄の年金事務所に行います。

　ただ、以下の場合は被保険者となりません。

ⓐ　日々雇い入れられる者

ⓑ　2か月以内の期間を定めて使用される者

ⓒ　4か月以内の季節的業務に使用される者

ⓓ　臨時的事業の事業所に使用される者

ⓔ　短時間労働者（目安は1週間の所定労働時間または1か月の所定労働日数が正社員の4分の3未満）

・被扶養者（異動）届の提出

　採用した従業員に被扶養者がある場合は、「健康保険被扶養者（異動）届」を提出して、被扶養者分の保険証の交付を受けます。

　なお、70歳以上の従業員は健康保険にだけ加入することになります。

■ 社員を採用した場合の各種届出 ･････････････････････････････････

事　由	書類名	届出期限	提出先
社員を採用したとき（雇用保険）	雇用保険被保険者資格取得届	採用した日の翌月10日まで	所轄公共職業安定所
社員を採用したとき（社会保険）	健康保険厚生年金保険被保険者資格取得届	採用した日から5日以内	所轄年金事務所
採用した社員に被扶養者がいるとき(社会保険)	健康保険被扶養者（異動）届	資格取得届と同時提出	

Case 雇用管理責任者の選任にあたってどのようなことに気をつければよいのでしょうか。

回答 事業主（建設労働者を雇用して建設事業を行う者）は、建設事業を行う「事業所ごとに」、その「事業所において処理すべき事項を管理させるため」、雇用管理責任者を選任しなければなりません（建設労働者の雇用の改善等に関する法律5条1項）。

　ここで、雇用管理責任者が行う「事業所において処理すべき事項」とは、以下の4つを指します。

①　建設労働者の募集、雇入れや配置に関すること

②　建設労働者の技能の向上に関すること

③　建設労働者の職業生活上の環境の整備に関すること

④　その他建設労働者に係る雇用管理に関する事項で厚生労働省令で定めるもの

　上記④の厚生労働省令で定めるものとは、「労働者名簿及び賃金台帳に関すること」と「労働者災害補償保険、雇用保険及び中小企業退職金共済制度その他建設労働者の福利厚生に関すること」です。

　このように、事業主から選任され、建設事業を行う事業所の上記①〜④の事項を管理、処理する者が「雇用管理責任者」で、事業所ごとに必置の人員となっています。事業主は、雇用管理責任者を選任したときは、届出の必要はありませんが、その雇用管理責任者の氏名を事業所に掲示あるいは名札、腕章などにより、事業所の労働者に周知させるように努めなければなりません（5条2項）。

　また、事業主は、雇用管理責任者に必要な研修等を受けさせ、上記①〜④を管理するための知識の習得及び向上を図るように努めなければならないとされています（5条3項）。

9 解雇はどのように行うのか

解雇予告をしなければ原則として解雇できないが例外もある

■■ 解雇も辞職も退職の一形態

労働契約が解消されるすべての場合を総称して退職といいます。つまり、辞職や解雇も退職の１つの形態といえます。辞職とは、契約期間中に労働者が一方的に労働契約を解除することです。無期雇用契約の労働者は２週間前に申し出れば辞職が可能です（民法627条１項）。

退職とは、一般には辞職や解雇にあたるものを除く労働契約の終了を指すことが多いといえます。たとえば、①労働者の退職申入れを会社が承諾した（自己都合退職）、②定年に達した（定年退職）、③休職期間が終了しても休職理由が消滅しない（休職期間満了後の退職）、④労働者本人が死亡した、⑤長期の無断欠勤、⑥契約期間の満了（雇止め）という事情がある場合に退職の手続をとる会社が多いようです。

退職に関する事項は、労働基準法89条３号により就業規則に必ず記載すべき事項と規定されていますが、その内容については、ある程度各会社の事情に合わせて決めることができます。

■■ 解雇には３種類ある

解雇とは、契約期間中に会社が一方的に労働者との労働契約を解除することです。解雇の原因により、普通解雇、整理解雇、懲戒解雇などに分けられます。整理解雇とは、経営不振による合理化など経営上の理由に伴う人員整理のことで、リストラともいいます。懲戒解雇とは、たとえば従業員が会社の製品を盗んだ場合のように、会社の秩序に違反した者に対する懲戒処分としての解雇です。それ以外の解雇を普通解雇といいます。解雇については、客観的で合理的な理由がなく、

社会通念上の相当性がない解雇は「解雇権の濫用」として無効とされるので注意が必要です（労働契約法16条）。

その他、解雇については法律で様々な制限が規定されています。たとえば、労働者が業務上負傷し、または疾病にかかり療養のために休業する期間及びその後30日間は解雇が禁止されています（労働基準法19条）。その他にも、労働基準法、労働組合法、男女雇用機会均等法、育児・介護休業法などの法律により、労働基準監督署などに申告したことを理由とする解雇の禁止、育児・介護休業の申し出や取得を理由とする解雇の禁止など、解雇が禁止される場合が定められています。

また、解雇に関する事由は就業規則に必ず記載すべき事項とされている（労働基準法89条3号）ことから、解雇に関する定めが就業規則または雇用契約書にない場合、会社は解雇に関する規定を新たに置かない限り、労働者を解雇できないことに注意しなければなりません。

■■ 解雇予告手当を支払って即日解雇する方法もある

労働者を解雇しようとする場合、会社（使用者）は、原則として解雇の予定日から30日以上前に、その労働者に解雇することを予告（解雇予告）しなければなりません（労働基準法20条）。

しかし、常に解雇予告を必要とすると不都合な場合も出てきますので、労働者を速やかに解雇する方法も用意されています。それは、労働者を即時解雇する代わりに、30日分以上の平均賃金を解雇予告手当として支払う方法です。この方法をとれば、会社は解雇予告を行わずに労働者を即日解雇しても、労働基準法違反には問われません。

解雇予告手当は即日解雇する場合だけでなく、たとえば、業務の引き継ぎなどの関係で15日間は勤務してもらい、残りの15日分の解雇予告手当を支払う、といった方法をとることもできます。いずれの方法をとる際も、解雇予告手当を支払った場合には、必ず受け取った労働者に受領証を提出してもらうようにしましょう。

▓▓ 解雇予告が不要な社員

　会社（使用者）は、解雇予告をしなければ解雇できないのを原則としますが、次に挙げる労働者は、解雇予告や解雇予告手当の支払をすることなく解雇することができます（即時解雇が可能）。

① 　雇い入れてから14日以内の試用期間中の労働者

② 　日雇労働者

③ 　雇用期間を２か月以内に限る契約で雇用している労働者

④ 　季節的業務を行うために雇用期間を４か月以内に限る契約で雇用している労働者

　なお、①試用期間中の労働者を15日以上雇用してから解雇する場合には、解雇予告や解雇予告手当が必要になります。

▓▓ 解雇予告が不要になる場合

　以下のケースにおいて労働者を解雇する場合は、解雇予告や解雇予告手当の支払が不要とされています（即時解雇が可能）。

① 　天災事変その他やむを得ない事由があって事業の継続ができなくなった場合

② 　労働者に責任があって雇用契約を継続できない場合

　①の「やむを得ない事由」とは、工場・事業場が第三者の放火によ

■ 解雇予告日と解雇予告手当 ∙∙

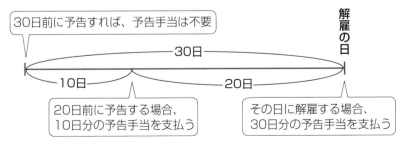

り焼失した場合や、震災や台風に伴う工場・事業場の倒壊・類焼により事業の継続が不可能になった場合などです。ただし、代表者などが経済法令違反のために逮捕・勾留され、または機械や資材を没収された場合や、税金の滞納処分を受けて事業廃止に至った場合は該当しません。また、「事業を継続することができなくなった場合」とは、事業の全部または大部分の継続が不可能となった場合をいい、事業の一部を縮小しなければならない場合は該当しません。

　②については、懲戒解雇事由にあたる問題社員（勤務態度、言動、能力に問題がある労働者）を解雇する場合などが該当します。具体的には、重大な服務規律違反や背信行為（たとえば、事業場内で窃盗、横領、背任、傷害といった犯罪行為）を行った場合が該当します。

　ただし、①または②に該当しても、所轄労働基準監督署長の認定を受けていない場合には、原則どおり解雇予告や解雇予告手当の支払いが必要になります。労働者を解雇しようとする際、①に該当する場合は解雇制限除外認定申請書を、②に該当する場合は解雇予告除外認定申請書を、それぞれ管轄の労働基準監督署に提出した上で認定を受けて、はじめて①または②による即時解雇が可能になります。

■■ 解雇の通知は書面で行うようにする

　労働者の解雇は口頭で伝えても法的には有効ですが、後々の争いを避けるため、口頭に加えて書面でも解雇を通知すべきでしょう。解雇を通知する書面には「解雇予告通知書」（解雇を予告する場合）などの表題をつけ、解雇する労働者、解雇予定日、会社名と代表者名を記載した上で、解雇の理由を記載します。就業規則のある会社では、解雇の理由とともに解雇の根拠となる就業規則の条文を明記し、その労働者が具体的にどの条文に該当したのかを説明します。一方、即時解雇の通知は表題を「解雇通知書」などとし、解雇予告手当を支払った場合にはその事実と金額も記載します。

以上のように、解雇（予告）通知書に詳細を記載しておくことで、仮に解雇された元労働者が解雇を不当なものであるとして訴訟を起こしても、解雇理由を明確に説明しやすくなります。なお、解雇した元労働者または解雇予告を受けた労働者（予告期間中の社員）から解雇理由証明書の交付を求められた場合は、解雇（予告）通知書を渡していたとしても、これを交付しなければなりません。

■■ 有期契約労働者の雇止めの取扱い

　雇用期間の定めがある労働者（有期契約労働者）との労働契約を期間満了により終了させることを雇止めといいます。有期契約労働者の雇止めは契約期間中の一方的な契約の解除でないため、解雇には該当しません（退職のひとつとして扱われます）。

　ただし、会社側の雇止めにまったく制限がないわけではなく、有期労働契約が継続して更新されており、有期労働契約を更新しないことが解雇と同視できる場合や、有期契約労働者が契約更新について合理的な期待をもっている場合には、原則として会社側の雇止めは認められません（労働契約法19条）。これを雇止め法理といいます。

　また、厚生労働省の「有期労働契約の締結、更新及び雇止めに関する基準」で、有期労働契約が３回以上更新されているか、または１年を超えて継続して雇用されている労働者との有期労働契約を更新しない場合は、契約期間が満了する30日以上前までに予告をする必要があるとしています。労働基準監督署はこれに基づいて、使用者に対して必要な助言や指導を行っていることに注意しなければなりません。

　なお、有期労働契約であっても、契約期間中に使用者が一方的に労働契約を解除することは、雇止めではなく解雇に該当します。

様式第3号（第7条関係）

解雇予告除外認定申請書

事 業 の 種 類	事 業 の 名 称	事 業 の 所 在 地
その他の建設事業	株式会社〇〇〇〇	東京都〇〇区〇〇×－×－×

労働者の氏名	性別	雇 入 年 月 日	業務の種類	労働者の責に帰すべき事由
××××	男	平成〇・〇・〇	営業	左記記載の労働者が、令和〇年〇月〇日より、下請業者に対し度々リベートを要求し、その結果会社の信用を毀損し、損害をもたらしたことによるもの。詳細の経過は別紙のとおり。
	・	・　・		
	・	・　・		
	・	・　・		
	・	・　・		

令和〇年　〇月　〇日

使用者
　　　職　名　株式会社〇〇〇〇
　　　氏　名　代表取締役
　　　　　　　△△△△

〇〇
-------- 労働基準監督署長殿

54

10 退職に伴う問題について知っておこう

解雇予告や解雇予告手当の支払いが必要となる場合がある

■■ 労働者の退職手続き

労働者から退職（辞職）の申入れがあれば、申入れの日から2週間経過すると雇用契約は終了して退職となります（民法627条1項）。

急な退職申入れは、会社にとっては労働者を補充する時間的余裕がなく、業務に支障が出る可能性があります。これを防ぐため、就業規則に「従業員が退職しようとするときは、少なくとも30日前に退職願を提出しなければならない」などと定めても、労働者を拘束する効力はありません（労働者へのお願い程度の効力です）。そのため、退職を無理に引き延ばすような行動は避けなければなりません。

退職時に渡す書類として、労働者から求めがあれば、退職証明書、離職票を発行しなければなりません。また、源泉徴収票、健康保険被保険者資格喪失証明書は必ず渡すようにしましょう。年金手帳や厚生年金基金加入員証を預かっている場合は返却が必要になります。

あらかじめ提示した労働条件が事実と違う場合は、労働者が即時に労働契約を解除できることが認められています。この場合、就業のために住居を変更した労働者が、契約解除の日から14日以内に帰郷する場合には、使用者は、必要な旅費を負担しなければならないことに注意しなければなりません。

■■ 復職が見込めない場合の措置

建設現場での業務中の事故など、業務上の災害で負傷または疾病した労働者を休職させる場合、休業期間とその後30日間は、労働者を解雇することができません（労働基準法19条）。

ケガや病気については、それが業務中の事故が原因なのか、それとも業務外の事故（私傷病）が原因なのか、判断が難しいケースもあり、業務災害でなく私傷病休職として処理されることもあります。

　私傷病休職とは、業務外の負傷・疾病で一定期間休職することを認める制度です。この場合、休職期間の満了時に休職事由が消滅していない場合の取扱いは、就業規則などで「復職できない場合は退職とする」と定めている場合には自然退職となります。

　ただし、休職事由が精神疾患など、その原因の一端が会社にもある場合や、医師が復職を認めているのに会社が復職を認めないといった場合は不当解雇になるおそれがあり、注意が必要です。

　復職の可能性を判断する際には、休職者の能力や経験、地位、企業の規模、業種、労働者の配置異動の実情などに照らして、他の業種への配転（配置転換）の現実的可能性がある場合には、その配転が可能かどうかを検討しなければならないとされています。

■■ 建設業退職金共済制度とはどのような制度なのか

　建設業退職金共済制度（建退共制度）は、中小建設業を対象とした退職金制度です。中小建設業の事業主が勤労者退職金共済機構と退職金共済契約を結んで共済契約者となり、建設現場で働く労働者を被共済者として、その労働者に当機構が交付する共済手帳に労働者が働いた日数に応じ共済証紙を貼ります。その労働者が建設業界の中で働くことをやめたときに、当機構が直接労働者に退職金を支払います。

　建設業界全体の退職金制度で、労働者がいつ、また、どこの現場で働いても、働いた日数分の掛金が全部通算されて退職金が支払われるしくみになっています。労働者が次々と現場を移動し、事業主（建設会社）を変わっても、建設業で働いた日数は全部通算できます。

11 偽装請負について知っておこう

労働者派遣法の適用を免れてしまう

■■ 偽装請負とは

　偽装請負とは、実際には発注者側の企業が請負人側の企業の労働者を指揮監督するという労働者派遣に該当する行為がなされているにもかかわらず、発注者側の企業と請負人側の企業との間では請負契約を締結していることをいいます。たとえば、A会社がB会社の従業員を使用したいと考えた場合に、A会社が発注者、B会社が請負人となって請負契約を締結し、A会社の指揮監督の下でB会社の従業員を用いることが偽装請負になります（次ページ図）。

　偽装請負の典型的なパターンは、請負人側の企業が発注者側の企業に対して労働者を派遣し、発注者側の企業がその労働者を直接に指揮命令するというパターンです。

　しかし、これ以外にも偽装請負のパターンは存在します。たとえば、請負人側の企業がさらに別の個人事業主に下請をして、その個人事業主を注文者側の企業に派遣するというパターンがあります。請負人側の企業は、労働者の代わりに下請契約を結んだ個人事業主を注文者側の企業に派遣していることになります。

　また、請負人側の企業が、さらに別の企業に下請を行わせて、その企業の労働者を注文者側の企業に派遣するというパターンも存在します。請負人側の企業は、自社で雇用している労働者の代わりに、下請企業の労働者を派遣していることになります。

■■ 偽装請負の何が問題なのか

　発注者側の企業が請負人側の企業の労働者を直接に指揮監督する場

合には、労働者派遣法の規制を受けます。ただし、労働者派遣法では、建設業務など派遣労働者を受け入れることが禁止されている業種が規定されており、派遣期間の制限などもあります。

このような労働者派遣法の規制の適用を避ける意図で、請負の形式で行われる労働者の受入れが偽装請負です。偽装請負による労働者の派遣及びその受け入れを行っている企業は、偽装請負の状態を解消するための措置を講じることが必要になります。

まず考えるべき方策は、適法な請負に切り替える方法です。しかし、発注者側の企業が労働者を指揮監督する必要性がある場合には、適法な請負への切り替えは現実的な対策とはいえません。

次に考えるべき方策は、適法な労働者派遣に切り替える方法です。しかし、発注者側の企業の業種が労働者派遣を禁止された業種に該当する場合や、労働者の派遣可能期間を超えて労働者を受け入れたい事情がある場合には、このような方策をとることはできません。

最終的に取るべき手段は、発注者側の企業が労働者を直接雇用する方法です。このとき、発注者側の企業は、労働者に一方的に不利にならないような条件で、労働契約を締結することが必要です。

■ 偽装請負の構造 ⋯⋯⋯⋯⋯⋯⋯⋯⋯⋯⋯⋯⋯⋯⋯⋯⋯⋯⋯

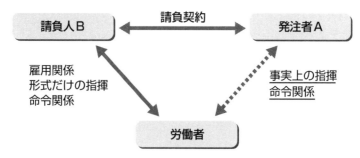

12 外国人雇用と在留資格について知っておこう

労働関係に関する法令はすべての外国人労働者に適用される

在留資格とは

　在留資格とは、外国人が、日本に在留して一定の活動を行うことができることを示す資格のことです。外国人が来日した際には、出入国港（港や空港）において、入国審査官からの上陸許可を得なければなりません。その際には、①パスポートを所持していること、②パスポートに査証（ビザ）が記載されていること、③上陸許可基準のある在留資格についてはその基準を満たしていること、④外国人が希望している在留期間が適正で虚偽がないこと、⑤外国人が上陸拒否事由にあたらないことに加えて、⑥入国目的がいずれかの「在留資格」にあたり、それが虚偽ではないことが必要になります。

在留資格とビザは別物

　入管法では、日本に在留する外国人は、入管法や他の法律に規定がある場合を除き、「在留資格」をもって在留すると規定しています。これを受けて、入管法の「別表第一」「別表第二」に29の在留資格を定めています。別表第一においては、技能実習や特定技能の１号、２号などをまとめて１種類の在留資格に分類していますが、これらを別種類であると数えると33の在留資格になります。

　このように、日本に入国、在留する外国人は、別表第一または別表第二で定める在留資格から１つを付与され、その在留資格の範囲内の活動が許されることになっています。なお、この「在留資格」のことを、「ビザ（査証）」（たとえば、就労ビザ、結婚ビザなど）という言葉で説明する人がいますが、「在留資格」と「ビザ（査証）」はまった

く異なるものです。在留資格は、数ある在留資格のうちの1つを在留資格として付与され、その在留資格の範囲内での活動が認められるもので、日本に滞在し、活動するための根拠となるものです。一方、ビザ（査証）は、その人物の所持する旅券（パスポート）が有効で、その人物が入国しても差し支えないと示す証書のことです。多くの国では入国を保証するものではなく、入国許可（上陸許可）申請に必要な書類の一部として理解されています。

▓▓▓外国人を雇用する際に必要となる書類

外国人を雇用する場合にまず気をつけなければならないのが、外国人向けの労働条件通知書、雇用契約書（労働契約書）、就業規則などを整備することです。現在では厚生労働省から外国人向けの労働条件通知書のモデルが公開されていますので、これを参考に外国人向けの労働条件通知書を整備するようにしましょう。

▓ 在留資格の種類 ⋯⋯⋯⋯⋯⋯⋯⋯⋯⋯⋯⋯⋯⋯⋯⋯⋯⋯⋯⋯

在留資格	日本国内で一定の活動を行うための		
		① 雇用・就労が 可能な在留資格	外交、公用、教授、芸術、宗教、報道、高度専門職1号、高度専門職2号、経営・管理、法律・会計業務、医療、研究、教育、技術・人文知識・国際業務、企業内転勤、介護、興行、技能、特定技能1号、特定技能2号、技能実習1号、技能実習2号、技能実習3号
		② 雇用・就労が 認められない在留資格	文化活動、短期滞在、留学、研修、家族滞在
		③ 特定の活動に限って 認められる在留資格	特定活動
	原則として日本国内で活動制限がない在留資格（雇用・就労は可能）		永住者、永住者の配偶者等、日本人の配偶者等、定住者

雇用契約書については、専業の労働者として雇用する場合の契約書の他に、外国人留学生をアルバイトなどで雇用する場合の契約書を用意しておきます。日本語の契約書と同じ内容の、外国人の母国語の契約書を用意しましょう。いずれの場合も「在留カード」（氏名、在留資格、在留期間などが記載されています）の提示を求めて、不法就労にならないのを確認することが必要です。特に「留学」の在留資格で在留する外国人の場合、労働時間については、原則として１週28時間以内という上限があることに気をつけなければなりません。

　外国人の母国で慣習として行われていることでも、日本の会社では違反扱いになってしまうこともあります。外国人労働者が無意識のうちに違反扱いになることを防ぐためにも、自社の労働条件や就業規則などを母国語で記載した書面を用意し、採用する時点で十分に理解してもらうようにしましょう。

　在留資格については、在留カードに記載されています。在留カードの有効期間が切れていたり、所持していない場合は不法滞在になりますので採用しないよう注意しましょう。ただし、注意が必要なのは、

■ **在留カード（表面）サンプル例** ……………………………………

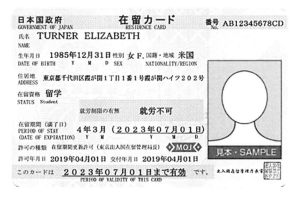

出典：出入国在留管理庁のホームページより

不法就労者であっても、他の「労働者」と同様に、労働基準法など各種の労働法上の規定が適用されるという点です。そのため、不法就労助長罪の成立とは別に、不法就労者であるからという理由で、労働条件などにおいて、他の労働者よりも劣悪な条件で雇っている場合には、労働基準法上の国籍を理由とする不合理な差別にあたります。

さらに、事業者には、出稼ぎ労働者や外国人労働者を採用する際に、適正な労働条件を確保する義務があります。特に外国人労働者の労働条件に関しては、労働者の無知などにつけこんで劣悪な労働条件を強いるケースが後を絶ちませんが、これも労働者の国籍を理由とした労働条件の差別的扱いに該当するといえます。労働条件については、外国人労働者がその内容を十分に理解できるような表現で明記した書面を交付するようにしましょう。

また、特定技能1号の資格を持つ外国人労働者を受け入れる企業は、受入れ機関（特定技能所属機関）と呼ばれており、その外国人労働者の職業生活・日常生活・社会生活について必要な支援を行う義務を負います。必要な義務を果たさない場合には、出入国在留管理庁から指導・助言・改善命令を受ける他、場合によっては罰則が科されることもありますので注意が必要です。特定技能2号の資格を持つ外国人労働者については、受入れ機関に対して支援義務が課されていません。

受入れ機関は、特定技能1号の資格を持つ外国人労働者と雇用契約を締結します。その際、採用時に必ず社会保険の説明を行い、加入させることが必要です。そして、採用した外国人労働者の在留資格認定などを申請する時点で、その外国人労働者の支援計画を作成していなければなりません。外国人労働者の入国後は、支援計画に従って支援を行わなければなりません。

なお、支援計画で定めるべき事項として、住居の確保など必要な契約の支援、生活に関するオリエンテーションの実施、公的な手続きなどの補助、日本語の学習機会の提供などがあります。

■■ 外国人労働者の労働条件通知書の書き方

　外国人労働者と雇用契約を結んだ場合、労働条件について日本人労働者との間に差別的取扱いがあってはなりません。そこで、雇用契約締結後に、後のトラブルを回避するためにも、外国人労働者が十分に理解できるように、その使用する言語に配慮した労働条件通知書を交付する必要があります。さらに、労働基準法の定めにより、労働条件通知書には、以下の5つの事項をすべて記載しなければならないことにも注意が必要です。いずれも労働条件に関する重要な事項です。5つの事項以外は書面での通知を義務付けられていませんが、労働条件通知書に記載することが望ましいといえるでしょう。

・雇用契約の期間
・就業の場所、従事する業務の内容
・始業・終業時刻、所定労働時間（労働者ごとに決められた1日あたりの労働時間）を超える労働の有無、休憩時間、休日、休暇、交代制勤務をさせる場合は就業時転換に関する事項
・賃金の決定・計算・支払いの方法、賃金の締め切り・支払いの時期に関する事項
・退職に関する事項（解雇の事由を含みます）

■■ 外国人労働者の雇用契約書を用意する

　外国人労働者と雇用契約を締結した場合、会社と外国人労働者が合意の上で契約を締結したことを証明する書類として、雇用契約書を取り交わすのが一般的です。雇用契約書の末尾には、両当事者が署名・押印します。もっとも、はじめて日本に入国する外国人労働者は、印鑑を所持していないのが通常ですから、その際は署名だけで足ります。契約書面は日本語版と外国人労働者の母国語版の両方用意するべきです。

　雇用契約を締結した外国人労働者については、日本国内で労働する限り、日本人労働者と同様に、労働基準法をはじめとする各種労働法

令が適用されます。したがって、外国人労働者に交付する雇用契約書と労働条件通知書を一つにまとめる場合には、労働基準法が規定する労働条件通知書に記載すべき5つの事項を盛り込まなければなりません。

■■ 外国人労働者を雇用した後の労務管理上の注意点

外国人を雇い入れた場合、外国人が不慣れな日本で知識や技能を十分に活かすことができるように、労務管理の面でも、使用者側は様々な配慮を行う必要があります。労務管理においては、厚生労働省が示している「外国人労働者の雇用管理の改善等に関して事業主が適切に対処するための指針」（外国人指針）を参考にするとよいでしょう。外国人指針の主な内容は以下のとおりです。

・適正な労働条件の確保

適正な労働条件の下で働くことは、労働者の基本的な権利です。そこで、外国人指針では、日本人労働者との間に合理的理由のない差別を行わないこと（均等待遇）、労働時間や賃金の支払いなど、労働条件に関する事項について、使用者が明示することとしています。

・安全衛生の確保

使用者にとって、雇い入れている労働者の心身の健康を確保する必要があることはいうまでもありません。そこで、外国人労働者についても、健康診断など実施することの他、安全衛生に関する教育を行う必要があります。特に、安全衛生教育に関しては、労働災害などを防止する上で不可欠な日本語の運用能力を身につけさせるために、日本語教育を行うことなどが使用者に求められています。

・適切な労務管理の実施

外国人労働者に対して、使用者は、業務に関する事項に限らず、広く生活支援を行い、苦情・相談を受け付ける窓口を設ける必要があります。就業中に在留資格の変更などが必要になった場合には、必要な手続きを使用者が援助しなければなりません。また、外国人労働者が

辞職する場合にも、再就職の支援を行うことなどが求められます。

■■「特定技能1号」「特定技能2号」に関する注意点

　「特定技能1号」「特定技能2号」「技能実習」の在留資格で雇い入れる外国人労働者については、かつてのような、「安い賃金で豊富な労働力を確保する手段」として外国人労働者を雇い入れるという図式は成立しません。「特定技能1号」「特定技能2号」は、専門的な知識・技能を十分に修得していなければ取得できない在留資格であり、「技能実習」も知識・技能の習得を目的にした在留資格です。使用者は、これらの外国人労働者を雇い入れる場合には、賃金や労働条件などの面で、日本人と同等以上の待遇で雇い入れる必要があります。

　また、「技能実習」の在留資格における在留期間を終えて、再び同じ企業で「特定技能1号」の在留資格で働くことも予定されています。使用者は、外国人労働者を雇用する場合には、その長期間の雇用に対応できる社内環境を整備しておく必要があります。

■ 労務管理上の注意点

　使用者 雇い入れた外国人の労務管理を適正に行う義務を負う

↓

「外国人労働者の雇用管理の改善等に関して事業主が
適切に対処するための指針」（外国人指針）が参考になる

【外国人指針の主な内容】
　適正な労働条件の確保：
　　　均等待遇や労働時間・賃金など労働条件の明示
　安全衛生の確保：
　　　労働安全の確保に必要な日本語教育の実施など
　適切な労務管理の実施：
　　　在留資格変更などの支援、再就職の支援など

Case 雇用している労働者が不法就労者であった場合にはどうすればよいのでしょうか。

・・

回 答 不法就労者とは、①不法に入国して就労している者、②在留資格に定められた活動の範囲を超えて就労する者、③定められた在留期間を超えて就労する者のことをいいます。現在、日本には在留期間を超えて滞在している不法残留者が約7万人もおり（令和5年1月1日現在、出入国在留管理庁）、その大半が不法就労者と言われています。なお、「定住者」や「日本人の配偶者等」などの資格を持っている場合には、不法就労にあたりませんので、当該外国人労働者が持っている資格を確認する必要があります。入管法（出入国管理及び難民認定法）では、不法就労と知りながら雇い続けた場合は、3年以下の懲役または300万円の罰金（懲役と罰金の併科もあり）が科されます（入管法73条の2）。

　なお、法務大臣により「高度専門職1号」に認定された後、3年以上在留している外国人については、同じく法務大臣により「高度専門職2号」に認定されると、在留期間が無期限になるなど、幅広い優遇措置が認められます。

　雇用している外国人労働者が不法就労者であるとの疑いが判明した場合、雇用主は、直ちに本人と面談を行い、有効な在留資格を有していない可能性が高いと判断したときは、その外国人労働者を出勤停止処分にした方がよいでしょう。また、新たな在留資格を取得するための助力をしたが、不許可処分がなされた場合は、その外国人労働者を解雇せざるを得ません。

　万が一、外国人労働者と連絡がとれなくなった場合は、すぐに出入国在留管理庁へ連絡するようにしましょう。なぜ、このようなことを

すべきなのかと言うと、その外国人労働者が最終的に国外退去という判断が行われる過程で、雇用主に不法就労に関する調査が入り、「不法就労の外国人労働者を受け入れていた会社」として罰則の対象になる（不法就労助長罪が適用される）ことがあるからです。

●労働法の適用はあるのか

労働法は、主として労働関係における使用者と労働者（雇用契約を結んでいる当事者）に適用される法律で、労働基準法、労働契約法、労働組合法などがあります。実際に「労働法」という名の法律はありません。労働法は日本において就労する労働者に適用されるため、労働者が外国人であっても労働法の適用があります。

労働法の適用があるということは、労働法に違反する雇用関係は認められないことになります。たとえば、外国人を解雇する場合、客観的に合理的な理由を欠き、社会通念上相当でない解雇は、解雇権の濫用として違法・無効となります（労働契約法16条）。

不法就労をさせた場合、使用者は不法就労助長罪に問われることがあるため、不法就労を理由とする解雇は、客観的に合理的な理由があり、社会通念上相当のものとして適法・有効と考えられます。

●どんなことを日頃から注意すればよいのか

外国人労働者を雇用する場合、もし不法就労に該当すれば、使用者も罰則の対象になることがあります。そこで、雇用する外国人の在留資格や在留期間には十分に注意する必要があります。在留資格や在留期間は、在留カードで確認できます。必ず原本を確認するようにしましょう。また、在留資格については、外国人労働者の就労内容である建設業に適合しているか注意しましょう。

具体的には、上陸許可がなされているか、あるいは在留期間が経過していないか否かについても、パスポートや在留カードの有無によって判断することができます。

13 技能実習制度について知っておこう

経済発展を担う人材育成を目的とした制度

■■ どんな制度なのか

　技能実習制度とは、外国人が技能・技術や知識の修得などを目的に日本の企業に雇用され、業務活動を行う制度です。

　具体的に、技能実習を行う外国人には、3つのステップを修了することが求められます。第1段階では、技能などを「修得」することを目的に、外国人は対象の業務に従事します。第2段階では、第1段階修了者を対象に、技能などに「習熟」するために、業務に従事することが求められます。第3段階では、第2段階修了者を対象に、技能などについて「熟達」するレベルにまで、技能などを引き上げることを目的に、業務への従事が要求されます。なお、技能実習の区分は、第1号（1年目）、第2号（2～3年目）、第3号（4～5年目、技能実習法により新設）と分類されています。

　技能実習制度と同様に、外国人が技能などを修得することを目的に設けられている制度として「研修生制度」があります。これは、在留資格の「研修」として日本に入国している外国人が対象になり、業務に従事している会社などから報酬を受け取ることができません（研修手当として生活費や交通費など受け取ることは可能です）。これに対し、技能実習制度は、外国人が「技能実習」という在留資格に基づき、会社などと雇用契約を結んで業務に従事します。したがって、就業の対価としての報酬を受け取ることが可能です。

■■ 技能実習計画の策定と認定

　技能実習制度においては、技能実習制度を実施する会社などは、技

能実習計画を策定して、厚生労働大臣や法務大臣といった主務大臣に提出した上で、その技能実習計画が適正であることについて認定を受ける必要があります。技能実習計画の認定にあたって、技能検定あるいは技能実習評価試験に関する合格に関する目標が達成されていることを示さなければならない場合がありますので、注意が必要です。

■■■ 在留資格の種類

日本に入国する際には在留資格が必要です。技能実習制度を利用する外国人は「技能実習」という在留資格に基づいて、技能実習を受けることになります。技能実習の在留資格は、下図のように技能実習の種類に応じて第1号から第3号の3種類に分類され、さらに、それぞれが2種類に分類されているため、合計6種類の在留資格が設けられています。

なお、技能実習2号を良好に修了した外国人については、在留資格の「特定技能1号」に移行することが可能です。その際、特定技能1号に必要な技能試験や日本語試験が免除されます。また、在留期間については、技能実習の3年の滞在に加えて、特定技能1号では5年の滞在が認められます。

■ 技能実習制度の構造 ··

技能実習制度

【熟 達】⇒ 第3号企業単独型技能実習・第3号団体監理型技能実習

【習 熟】⇒ 第2号企業単独型技能実習・第2号団体監理型技能実習

【修 得】⇒ 第1号企業単独型技能実習・第1号団体監理型技能実習

■■技能実習制度の見直しが進められている

　令和5年（2023年）11月30日、「技能実習制度及び特定技能制度の在り方に関する有識者会議」が取りまとめた、現行の技能実習制度の発展的解消の提言などを内容とする「最終報告書」が法務大臣に提出されました。

　現在の日本では、外国人の労働力が貴重な担い手となっていることから、現行の技能実習制度を発展的に解消し、人手不足分野における人材確保と未熟練労働者の人材育成を目的とする実態に即した「新たな制度」を創設することが示されました。「新たな制度」は、未熟練労働者として受け入れた外国人を、基本的に3年間の就労を通じた育成期間で、特定技能1号の技能水準の人材に育成することをめざすものとしています。

　なお、特定技能制度は、人手不足分野において即戦力となる外国人を受け入れるという現行制度の目的を維持しつつ、制度の適正化を図った上で引き続き存続させるものとしています。

　また、技能実習生と受け入れ企業の間に入る監理団体や登録支援機関については、これを存続させる一方で、不適切な就労を放置する悪質な団体を排除するため、認定要件（許可要件・登録要件）を厳格化することなどを盛り込んでいます。

　この他、現行制度では、実習生が同じ職種の他企業に移る「転籍」を原則として認めていませんが、「新たな制度」では、一定の条件の下に、本人の意向による転籍を認めることが盛り込まれています。

　そして、外国人が成長しつつ、中長期に活躍できる制度（キャリアパス）を構築するため、特定技能制度と対象職種や分野を一致させ、移行しやすくするなど、中長期的な視点から制度の充実を図ることとしています。

　政府は、最終報告書を踏まえ、早ければ令和6年（2024年）の通常国会に関連法案を提出する見通しです。

■ 技能実習制度見直しの概要（最終報告書）·······························

問題点	現在の制度	新制度の主な内容
制度のあり方	人材育成を通じた国際貢献	・現行の技能実習制度を発展的に解消し、人手不足分野の人材確保と人材育成を目的とする新たな制度の創設 ・未熟練労働者として受け入れた外国人を、基本的に3年間の育成期間で、特定技能1号の水準の人材に育成 ・特定技能制度は、制度の適正化を図った上で現行制度を存続
新たな制度の受入れ対象分野や人材育成機能の在り方	職種が特定技能の分野と不一致	・受入れ対象分野は、特定技能制度における「特定産業分野」の設定分野に限定 ・従事できる業務の範囲は、特定技能の業務区分と同一とし、「主たる技能」を定めて育成・評価
受入れ見込数の設定等のあり方	受入れ見込数の設定のプロセスが不透明	・特定技能制度の考え方と同様、新たな制度でも受入れ分野ごとに受入れ見込数を設定（受入れの上限数として運用） ・受入れ見込数や対象分野は経済情勢等の変化に応じて柔軟に変更、有識者等で構成する会議体の意見を踏まえ政府が判断
転籍のあり方（技能実習）	原則不可	・「やむを得ない事情がある場合」の転籍の範囲を拡大・明確化し、手続を柔軟化。一定の条件の下に、本人の意向による転籍も認める ・監理団体・ハローワーク・技能実習機構等による転籍支援を実施
監理・支援・保護の在り方等	・監理団体、登録支援機関、技能実習機構の指導監督や支援の体制面で不十分な面がある ・悪質な送出機関が存在	・技能実習機構の監督指導・支援保護機能を強化し、特定技能外国人への相談援助業務を追加 ・監理団体の許可要件厳格化（監理団体と受入れ企業の役職員の兼職に係る制限又は外部監視の強化、受入れ企業数等に応じた職員の配置、相談対応体制の強化等） ・受入れ企業につき、育成・支援体制等に係る要件を整備 ・登録支援機関の登録要件や支援業務委託の要件を厳格化 ・地方入管、新たな機構、労基署等が連携し、不適正な受入れ・雇用を排除 ・送出国と連携し、不適正な送出機関を排除
日本語能力の向上方策	本人の能力や教育水準の定めなし	・継続的な学習による段階的な日本語能力向上（ex. 就労開始前にA1相当以上のレベル又は相当講習受講） ・日本語教育機関認定法の仕組みを活用し、教育の質の向上を図る

出典：令和5年11月30日最終報告書（概要）（技能実習制度及び特定技能制度の在り方に関する有識者会議）

Case 外国人労働者を雇い入れましたが、外国人労働者について労働保険や社会保険に加入する必要がありますか。

....

回 答 労災保険・雇用保険については、外国人労働者も日本人労働者と同様に加入しますので、外国人労働者も含めて労災保険料、雇用保険料を納付します。雇用保険の場合、1週間の労働時間が20時間未満の労働者であれば加入対象から除外されますので、外国人労働者の労働条件と照らし合わせて加入の要否を判断します。

社会保険（健康保険・厚生年金）については、法人の形態で経営している企業であれば、外国人労働者も含めて所定の要件を満たす労働者に加入義務が生じます。健康保険は、被扶養者（親、子、孫、兄弟など）も含めて保障対象です。ただし、令和2年4月からは国内居住要件が追加されたため、外国人労働者の本人だけが単身赴任で日本で働き、被扶養者である家族は本国にいるという場合、家族のケガ・病気の治療費について日本の健康保険を使うことができません。厚生年金は、本国の制度との二重加入の防止や、受給資格期間の調整をする目的で、日本が諸外国と「社会保障協定」を結んでいます。

したがって、その外国人労働者の本国と社会保障協定が結ばれているかどうかを確認します。外国人労働者が本国に帰国する際に、日本で支払った保険料がムダにならないようにするための脱退一時金という制度もあります。保険料の負担を理由に社会保険に加入したがらないことがありますが、加入義務が生じる場合には丁寧に説明するようにしましょう。

公的保険の内容の中には、外国人労働者と日本人労働者を同一に扱わない場合があります。外国人労働者の雇用契約の契約期間や労働時間などを把握し、年金事務所などに問い合わせましょう。

14 外国人を雇用したときの届出について知っておこう

外国人労働者（特別永住者を除く）を雇用した場合には届出が必要

外国人雇用状況届出制度とは

外国人労働者（特別永住者を除く）が採用・離職するときは、氏名、在留資格などをハローワークに届け出なければなりません。雇用する外国人労働者が雇用保険の被保険者となる（または被保険者の資格を失う）場合は、雇用保険被保険者資格取得届（喪失届）の備考欄に在留資格、在留期限、国籍などを記載して届け出ます。雇用保険に加入しない外国人労働者の場合は外国人雇用状況届出書を提出します。

【届出・添付書類】

外国人雇用状況届出書は管轄のハローワークに、雇入れ、離職の場合もともに翌月末日までに提出します（10月1日の雇入れの場合は11月30日まで）。次ページの書類は雇用保険の被保険者にならない場合の様式です。雇用保険の被保険者に該当する場合は、雇用保険被保険者資格取得届（喪失届）を提出します（本書には雇用保険被保険者資格取得届を掲載していませんが、様式の備考欄に国籍や在留資格などを記載します）。添付書類は、①在留カードまたはパスポート、②資格外活動許可書または就労資格証明書です。

【ポイント】

外国人留学生の採用・離職もハローワークへの届出の対象です。採用する際は資格外活動の許可を得ていることを確認しなければなりません。外国人であると判断できるのに在留資格の確認をしないで、在留資格がない外国人を雇用すると罰則の対象となります。また、採用した外国人が届出期間内に離職した場合や、採用や離職を繰り返す場合は、1か月分をまとめて翌月末日までに届け出ることができます。

様式第3号（第10条関係）（表面）

雇　入　れ に係る外国人雇用状況届出書
離　　職

フリガナ（カタカナ）			イ		ケンパク		ミドルネーム
①外国人の氏名 （ローマ字）		姓 李		名 建白			
②①の者の在留資格	特定技能			③①の者の在留期間 （期限） （西暦）		20×× 年 11 月 30 日 まで	
④①の者の生年月日 （西暦）	1988 年 5 月 4 日			⑤①の者の性別		①男 ・ 2 女	
⑥①の者の国籍・地域	中華人民共和国			⑦①の者の資格外 活動許可の有無		①有 ・ 2 無	
⑧①の者の 在留カードの番号 （在留カードの右上に記載され ている12桁の英数字）			AB12345678CD				

雇入れ年月日　20×× 年　9 月 21 日　　離職年月日　　　　年　　　　月　　　　日
（西暦）　　　　　　　　　　　　　　　　（西暦）

　　　　　　　年　　　月　　　日　　　　　　　　　　　年　　　月　　　日

　　　　　　　年　　　月　　　日　　　　　　　　　　　年　　　月　　　日

　労働施策の総合的な推進並びに労働者の雇用の安定及び職業生活の充実等に関する法律施行規則
第10条第3項の規定により上記のとおり届けます。　　　　　20×× 年　9 月 27 日

事業主	事業所の名称、 所在地、電話番号等	雇入れ又は離職に係る事業所	雇用保険適用事業所番号 1305 - 706123 - 4
		（名称）株式会社○○建設	①の者がまとして左記以外 の事業所で就労する場合
		（所在地）東京都○○区○○×-×-× 主たる事務所	□
		（名称）株式会社○○建設	TEL 0000-00-0000
		（所在地）東京都○○区○○×-×-×	TEL 0000-00-0000
	氏名	代表取締役　佐藤　一郎	

社会保険 労務士 記載欄	作成年月日・提出代行者・事務代理者の表示	氏名	○○ 公共職業安定所長　殿

15 労働者を雇用する建設業者はどんな書類を作成・保管するのか

就業規則や賃金台帳などの作成が義務付けられている

■■ どんな書類をどの程度保存する必要があるのか

　労働者を雇用する使用者（会社）は、労働基準法をはじめとする法令に基づいて様々な書類を作成し、保管することが義務付けられています。具体的には、就業規則、寄宿舎規則、労働者名簿、賃金台帳、健康診断個人票などがあります。

　これらの書類のうち、労働者名簿や賃金台帳は最低3年間保存しなければなりません。また、健康診断個人票などは最低5年間保存するよう義務付けられています。書類の様式は紙媒体の他、法令に規定された要件を満たしていれば電子データでもよいとされています。

■■ 適用事業報告などの書類届出についての注意点

　工事現場など（事業場）は、労働者の使用を開始した時から労働基準法の適用事業場となります。このとき、適用事業場となったことを工事現場を管轄する労働基準監督署（所轄労働基準監督署長）に報告しなければなりません（適用事業報告）。工事現場ごとに、新たな事業が開始されるものとして報告する必要があります。

　報告内容は、事業の種類、事業の名称、事業場所、労働者数（1人親方や派遣労働者などは含めない）、工期などです。適用事業報告を作成する際には、決められた様式（様式第23号の2、78ページ）を使用し、原則として適用事業場となった後、遅滞なく所轄労働基準監督署長に報告するよう義務付けられています（労働基準法104条の2、労働基準法施行規則57条）。

■■ 労働基準監督署の調査が入る場合がある

　労働基準監督署は、会社が労働基準法などの法律に基づいて、労働者の労働条件を確保しているかどうか、違反がある場合には改善の指導を行う行政機関です。また、安全衛生に関する指導や労災保険の給付を行うのも労働基準監督署です。労働基準監督署が、労働者から相談を受け、会社の業務遂行体制に違法行為（労働基準法、労働安全衛生法など）があると判断した場合には、労働基準監督署による調査が行われます。

　調査対象となる主な法律は労働基準法や労働安全衛生法です。労働基準監督署が労働調査に入る際には、調査に必要な書類を開示するよう求められます。その対象となる書類として、労働者名簿・出勤簿やタイムカードなど労働時間を管理する書類、賃金台帳、就業規則、健康診断個人票、労働者が有する資格を証明する書類などがあります。

■■ 調査や指導にはどんなものがあるのか

　労働基準監督署が行う調査の手法には、「呼び出し調査」と「臨検監督」の2つがあります。

　呼び出し調査とは、事業所の代表者を労働基準監督署に呼び出して行う調査です。事業主宛に日時と場所を指定した通知書が送付されると、事業主は労働者名簿や就業規則、出勤簿、賃金台帳、健康診断結果票など指定された資料を持参の上、調査を受けることになります。

　臨検監督とは、労働基準監督署が事業所へ出向いて立入調査を行うことで、事前に調査日時を記した通知が送付されることもあれば、長時間労働の実態を把握するために、夜間に突然訪れることもあります。

　この他、調査が行われる理由の主なものとして、「定期監督」と「申告監督」があります。定期監督とは、調査を行う労働基準監督署が管内の事業所の状況を検討した上で、対象となる事業場を選定して定期的に実施する調査のことです。申告監督とは、事業主に法令違反

の実態がある場合に、労働者が労働基準監督署に申告を行い、申告監督が実施される可能性がある調査のことです。

これらの調査の結果、労働基準法や労働安全衛生法などに違反している事実を発見した場合、是正勧告書によって指導がなされます。事業主はその内容に基づいて、改善に向けた具体的な方策を検討する必要があります。是正勧告書に法的強制力はありませんが、是正勧告に従わずにいると、再監督（是正勧告書の期日までに報告書が提出されず、改善の意思が見られない事業場に対し、改めて調査を行うこと）が行われる可能性があります。再監督の結果、法令違反が認められれば、会社や代表者が書類送検（場合によっては起訴）に至ることになりかねませんので、是正勧告には速やかに応じる方がよいでしょう。

なお、労働基準監督署が行う調査において是正勧告を受け、書面を交付された場合、最低でも3年間は保管しておく必要があります。その際、勧告によってどのように是正したかを報告する書類についても、一緒に保管しておきましょう。

■■ **労働基準監督署が行う調査・指導の流れ** ……………………………

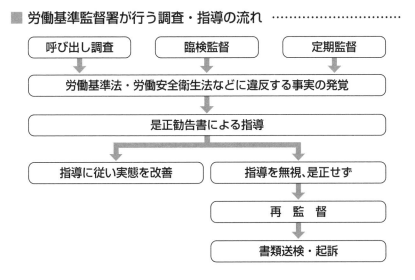

様式第23号の2(第57条関係)

適用事業報告

事業の種類	事業の名称	事業の所在地(電話番号)
建築事業	株式会社○○建設	東京都○○区○○×-×-×　電話○○○○(○○)○○○○番

労働者数	種別	満18歳以上	満15歳以上満18歳未満	満15歳未満	計
通勤	男	11人（　）	（　）	（　）	11人（　）
通勤	女	4人（　）	（　）	（　）	4人（　）
通勤	計	15人（　）	（　）	（　）	15人（　）
寄宿	男	10人（　）	（　）	（　）	10人（　）
寄宿	女	0人（　）	（　）	（　）	0人（　）
寄宿	計	10人（　）	（　）	（　）	10人（　）
総計		25人（　）	（　）	（　）	25人（　）
適用年月日		令和○年○月○日			

備　考

令和○年○月○日

○○労働基準監督署長　殿

使用者　職　名　株式会社○○建設　代表取締役
　　　　氏　名　佐藤一郎　㊞

記載心得
1　坑内労働者を使用する場合は、労働者数の欄にその数を括弧して内書すること。
2　備考の欄には適用年月日を記入すること。

78

16 寄宿舎について知っておこう

寄宿舎設置届は一定の条件下で届ける。寄宿舎規則の提出は必須

■■ 事業附属寄宿舎の種類や判断基準

寄宿舎は、労働基準法では「事業附属寄宿舎」とされています。事業附属寄宿舎とは、「常態として相当人数の労働者が宿泊し、共同生活の実態を備えるもの」で、かつ、「事業経営の必要上その一部として設けられているような事業との関連をもつ」ものです。事業関連の有無や労務管理上の共同生活の要請有無、場所等から寄宿舎かどうかが総合的に判断されます。

これらの条件に合わない、福利厚生として提供しているアパートや、少人数の労働者が事業主や家族と一緒に生活する住み込みなどは事業附属寄宿舎ではありません。また、ワンルームマンションなど食事や入浴が共同でなければ寄宿舎にはあたりません。

事業附属寄宿舎は2種類に分けられています。第1種寄宿舎は労働者を6か月以上の期間寄宿させる寄宿舎です。ただし、事業の完了の時期が予定されるもので、当該事業が完了するまでの期間労働者を寄宿させる仮設の寄宿舎は除外されます。また、第2種寄宿舎は労働者を6か月未満の期間寄宿させる寄宿舎の他、第1種寄宿舎から除外された寄宿舎を含みます。なお、第1種寄宿舎の対象外とされている寄宿舎（事業の完了時期が予定され、当該事業の完了までの期間労働者を寄宿させる仮設の寄宿舎）が、建設業附属寄宿舎規程で定められている建設業附属寄宿舎に該当します。

■■ 設置や規則について届け出ることが必要

使用者は、次のいずれかの条件に該当する工事に伴い寄宿舎を設置

する場合は、寄宿舎設置届を周囲の状況および四隣との関係を示す図面、建築物の各階の平面図、断面図を添えて、所轄の労働基準監督署長に提出しなければなりません。

① 常時10人以上の労働者を就業させる事業

② 厚生労働省令で定める危険な事業または衛生上有害な事業

　②とは、使用する原動機の定格出力の合計が2.2kW以上である労働基準法別表第１第１号から第３号までに掲げる事業などです。建設業については労働基準法別表第１第３号の「土木、建築その他工作物の建設、改造、保存、修理、変更、破壊、解体又はその準備の事業」が該当します。

　さらに、寄宿舎設置届とは別に寄宿舎規則の届出も行います。寄宿舎設置届を提出する必要のない事業であっても、寄宿舎を設置する場合は寄宿舎規則の提出が必要であることが注意点です。寄宿舎規則は、起床・就寝・外出・外泊に関する事項、行事に関する事項、食事に関する事項などからなり、寄宿舎に寄宿する労働者の過半数を代表する者の同意を証明する書類とともに提出します。形式は特に定められていません。また、寄宿舎設置届とは別に、地方自治体の火災予防条例により、管轄の消防署への防火対象物使用開始届の提出が必要です。

■■寄宿舎を移転・変更・廃止する場合も届出が必要

　寄宿舎を設置しようとする場合と同様に、移転時や変更時も届出が必要です。ただし、寄宿舎の移転や変更をしようとする場合の届出は、その部分についてのみ行えば足りるとされています。

■■アパートなどを借り上げて寄宿舎とすることもできる

　ワンルームマンションなど、個人がプライバシーを確保されている場合は寄宿舎に該当しません。しかし、アパートやマンションの１室を複数名で使用する場合や、民家を借り上げた場合は、寄宿舎に該当

することがありますので、建物の所在地を管轄する労働基準監督署に確認してみましょう。借り上げた建物が寄宿舎となる場合は、所定の届出に加えて、貸借借契約の当事者及び期間や、修繕・改築・増築の権限を有する者などを書面で添付する必要があります。

■■ 寄宿舎はどんな構造の建物なのか

厚生労働省は、建設業附属寄宿舎規程とは別に「望ましい建設業附属寄宿舎に関するガイドライン」で努力目標を定めていますが、ここでは建設業附属寄宿舎規程が定めている主な遵守事項を列挙します。

寄宿舎は衛生上有害な場所の付近、騒音または振動の著しい場所など、危険な場所や危険が予想される場所には設置できません。

火災や地震等の非常時の対策として、常時15人未満の者が2階以上の寝室に居住する建物は1か所以上、常時15人以上の者が2階以上の寝室に居住する建物は2か所以上の避難階段が必要です。出入口は居住人数を問わず2か所以上必要です。警鐘、非常ベル、サイレンその他の警報設備を設けなければなりません。消火設備の設置も必要です。

■ 労働基準法の寄宿舎の要件 ……………………………………………

	使用者のすべきこと	
寄宿舎生活の自治	寄宿する労働者の私生活の自由を侵してはならない 役員の選任に干渉してはならない	
寄宿舎生活の秩序	起床、就寝、外出及び外泊に関する事項 行事に関する事項 食事に関する事項 安全及び衛生に関する事項 建設物及び設備の管理に関する事項	寄宿舎規則の届出
寄宿舎の設備及び安全衛生	換気、採光、照明、保温、防湿、清潔、避難、定員の収容、就寝に必要な措置 労働者の健康、風紀及び生命の保持に必要な措置	

また、寝室の入口には、当該寝室に居住する者の氏名と定員を掲示することが必要です。

　設備としては、常時使用する階段の構造は、踏面21cm以上、けあげ22cm以下、幅75cm以上（屋外階段は幅60cm以上）としなければなりません。その他、手すりを設けることや、各段から高さ1.8m以内に障害物がないことなど詳細に規定されています。

　廊下の構造は、両側に寝室がある場合は幅1.6m以上、その他の場合は幅1.2m以上で、階段と廊下に常夜灯を設けなければなりません。

　寝室の構造は、定員6人以下にするとともに、1人について3.2㎡以上のスペースが必要です。また、十分な容積を有し、かつ、施錠可能な身の回り品を収納するための設備を個人別に設けることや、有効採光面積を有する窓を設けること、寝室と廊下との間を壁や戸などで区画することが必要です。

　食堂の構造などは、同時に食事をする者の数に応じ、食卓を設け、かつ、座食ができる場合を除き、いすを設けることや、食器と炊事用器具を保管する設備を設け、これらを清潔に保持すること、炊事従業員には炊事専用の清潔な作業衣を着用させることなどが必要です。

　飲用や洗浄のため清浄な水については、水道法3条5項に規定する水道事業者の水道から供給されるものでなければなりません。

　浴場の構造は、寄宿舎に寄宿する者の数が10人以内ごとに1人以上の者が同時に入浴することができる規模が必要です。

　便所については、常に清潔を保持すること、洗面所、洗たく場や物干し場や掃除用具を備え、寄宿舎を清潔に保つことが必要です。

■■寄宿舎ではどんな訓練を行うのか

　建設業附属寄宿舎規程に基づき、使用者は、火災その他非常の場合に備えるため、寄宿舎に寄宿する者に対して、寄宿舎の使用を開始した後に1回、その後6か月以内ごとに1回、避難と消火の訓練を行わ

なければなりません。

　避難訓練では、誘導者を決めて階段などの避難経路を使って安全な場所まで避難してみる他、避難器具などの使い方を覚える必要があります。消火訓練を実施する際には、消防署に届け出て、実際に119番通報をする通報訓練を受けたり、消火器の取扱方法の指導をしてもらうことができます。最近では地震時の避難訓練を消防署が奨励しており、地震体験車を訓練時に使用して地震の揺れを体験することもできます。

　訓練の実施後は、実施日時や参加者、訓練の想定、実施内容などを記録しておきます。

■■ 寄宿舎規則ではどんなことを定めるのか

　使用者と寄宿労働者は、寄宿舎規則を遵守する他、寄宿舎生活の秩序が保持されるように努めなければなりません。寄宿舎規則で定める事項は、起床・就寝・外出・外泊に関する事項、行事に関する事項、食事に関する事項、安全衛生に関する事項、建設物や設備の管理に関する事項などです。また、寄宿舎を退舎する際には問題が発生しやすいため、借りた物の返却や、管理者による居室の点検を受けることなどについても、寄宿舎規則に明記しておく必要があるでしょう。

■■ 寄宿舎の管理者の職務

　使用者は、寄宿舎規則において事業主および寄宿舎の管理について権限を有する者を明らかにした上で、寄宿舎の出入口等見やすい箇所にこれらの者の氏名または名称を掲示しなければなりません。また、寄宿舎の管理について権限を有する者は、1か月以内ごとに1回、寄宿舎を巡視し、巡視の結果、寄宿舎の建物、施設または設備に関し、この省令で定める基準に照らして修繕や改善すべき箇所があれば、速やかに使用者に連絡しなければなりません。

■■ 門限や外泊許可についてはどんなことに気をつけるのか

　外泊を許可制にすること、行事を強制参加にすること、面会を制限することは、労働者の私生活の自由を侵すことになるため、原則として許されません。ただし、他の居住者に迷惑を与える場所や時間帯での面会は制限できます。また、外出や外泊を届出制にすることは可能です。この届出は火災などの非常時の人員点呼にも利用できます。

■■ 給食業務の委託や食事代の徴収についての注意点

　給食業務を委託することは可能ですが、検便の検診は受けてもらうようにしましょう。厚生省の「大量調理施設衛生管理マニュアル」には「月１回以上行うように」と明記されていますが、学校・病院などの給食施設用ですので、民間に対しての拘束力はありません。

　しかし、保健所はこれに準じた指導を行いますので、同じメニューを１回300食以上または１日750食以上提供する規模が大きい寄宿舎の場合は、月１回の検便の検診は必要です。食事代の徴収に関する定めはありませんので、現物支給とするか福利厚生費として一部を補助するかは合理的な範囲で行うようにしましょう。ただし、水道光熱費の実費を徴収することはできます。

■■ 寄宿舎で火事や事故、ケガが発生した場合の労災はどうなる

　寄宿舎で火事や事故、ケガが発生した場合は「業務起因性」があれば労災保険の給付対象となります。業務上と認められるためには業務起因性が認められなければならず、その前提条件として業務遂行性が認められなければなりません。業務遂行性は次のような３つの類型に分けることができます。

① 　事業主の支配・管理下で業務に従事している場合

② 　事業主の支配・管理下にあるが、業務に従事していない場合

③ 　事業主の支配下にあるが管理下を離れて業務に従事している場合

寄宿舎での火事や事故は②に該当する可能性があります。事業主が用意した寄宿舎において火災や事故が発生したのですから、事業主の支配下にあったということで一応の業務遂行性が認められます。

　業務起因性については、労働契約の条件として事業主の指定する寄宿舎を利用することがある程度義務付けられていれば、認められます。労災認定の際に、これらの条件が求められた場合は、特段の事情が判明しない限り、業務上の理由で災害を被ったものと考えられます。

　また、この場合の「特段の事情」とは、労働者間の私的・恣意的行為によって発生したケガや事故などです。その他、設備の不良で事故が起きた際も業務上の災害となります。

　なお、事業主は、労働災害による労働者の死亡・休業時と同じく、寄宿舎での災害発生時も、所轄労働基準監督署長に遅滞なく「労働者死傷病報告」を提出しなければなりません。

■ 寄宿舎における労災・事故の必要な手続き ·························

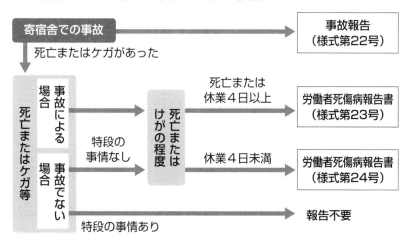

様式（第5条の2）

寄宿舎 ~~移転~~ 設置 ~~変更~~ 届

事 業 の 種 類	その他の建設事業（管工事業）		
事 業 の 名 称	株式会社大東京工業羽田東工作所		
事 業 場 の 所 在 地	東京都大田区羽田東2-2-2		
常時使用する労働者数			70 名
事 業 の 開 始 予 定 年 月 日	令和5年7月1日	事業の終了予定期日	令和7年6月30日

寄宿舎				
	寄 宿 舎 の 設 置 地	東京都大田区羽田東2-1-1		
	収容能力及び収容実人員	（収容能力）　20 名，（収容実人員）　18 名		
	棟　　　　数	居室2，炊事場，食堂棟1，浴室，洗面所，洗濯場，便所棟1，計4 棟		
	構　　　　造	居室棟は鉄骨プレハブ造り，波型亜鉛メッキ鉄板葺き2階建て，食堂棟ならびに浴室棟は木造，波型亜鉛メッキ鉄板葺き		
	延 居 住 面 積			122.51 ㎡
宿舎施設	階 段 の 構 造	屋外，軽量鉄骨，踏面22cm，蹴上22cm　勾配45°　手すり高さ80cm，幅80cm		
	寝　　　　室	和室畳敷き，押入付，一人当たり6.62㎡　10室，天井高2.5m LED照明3600lm×1　冷暖房機1		
	食　　　　堂	面積38.7㎡，ビニールタイル張り，木製テーブル5個，椅子20脚 大型冷暖房機1台，手洗場1		
	炊　 事　 場	面積25.7㎡，コンクリート床，調理台，流し台，食器棚，倉庫，冷蔵庫，上水道		
	便　　　　所	大便所3個，小便所4個，女子用2個，水洗式		
	洗面所及び洗たく場	洗面所は同時4人使用可　洗濯場　洗濯機4台，乾燥機4台		
	浴　　　　場	浴室8.45㎡　ボイラ室2.61㎡（灯油だき）浴室内にて温度調節可，5人同時入浴可		
	避 難 階 段 等	屋外に2か所　上記「階段の構造」のとおり		
	警 　報 　設 　備	1，2階廊下		
	消 　火 　設 　備	1，2階廊下，食堂，炊事場，各1カ所粉末消火器		
	工事開始予定年月日	令和5年7月3日	工事終了予定年月日	令和7年6月20日

令和5 年 6 月10日　　　　　　　　　　　　　株式会社大東京工業

使用者　職　氏名 工事部長 杉並 四郎 ㊞

　大田　労働基準監督署長　殿

備考
1　表題の「設置」，「移転」及び「変更」のうち該当しない文字をまつ消すること。
2　「事業の種類」の欄には，なるべく事業の内容を詳細に記入すること。
3　「構造」の欄には，鉄筋コンクリート造，木造等の別を記入すること。
4　「階段の構造」の欄には，踏面，けあげ，こう配，手すりの高さ，幅等を記入すること。
5　「寝室」の欄には，1 人当たりの居住面積，天井の高さ，照明並びに採暖及び冷房等の設備について記入すること。
6　「食堂」の欄には，面積，1回の食事人員等を記入すること。
7　「炊事場」の欄には，床の構造及び給水施設（上水道，井戸等）を記入すること。
8　「便所」の欄には，大便所及び小便所の男女別の数並びに構造の大要（水洗式，くみ取り式等）を記入すること。
9　「洗面所及び洗たく場」の欄には，各設備の設置箇所及び設置数を記入すること。
10　「浴場」の欄には，設置箇所及び加温方式を記入すること。
11　「避難階段」の欄には，避難階段及び避難はしご等の避難のための設備の設置箇所及び設置数を記入すること。
12　「警報設備」の欄には，警報設備の設置箇所及び設置数を記入すること。
13　「消火設備」の欄には，消火設備の設置箇所及び設置数を記入すること。

第2章

建設業と
安全衛生管理体制の基本

1 事業場・事業者・労働者の意味を確認しておこう

同じ会社でも場所が離れていれば事業場は区別される

■■ 事業場について

　労働安全衛生法は、事業者に様々な義務を課す上で、「事業場」ごとに義務付ける（事業場が適用単位になる）という制度を採用しています。事業場については、同一場所にあるものは原則として1つの事業場となるのに対し、場所的に分散しているものは原則として別個の事業場と判断されます。たとえば、東京に本社、大阪・横浜・福岡に支社がある事業者の場合、東京本社が1つの事業場、3つの支社でそれぞれの事業場となるため、1つの事業者が4つの事業場を有することになります（次ページ図）。ただし、場所的に分散しているものであっても、出張所や支所など規模が著しく小さく、1つの事業場という程度の独立性がないものは、直近上位の機構と一括して1つの事業場として取り扱われます。

　反対に、同じ場所にあっても、著しく「働き方」（労働の態様）を異にする部門がある場合において、その部門を別個の事業場としてとらえることで、労働安全衛生法がより適切に運用できるときは、その部門を別個の事業場としてとらえます。たとえば、工場と診療所が同じ場所にある場合に、工場と診療所を別個の事業場としてとらえるのが典型的な例です。

■■ 業種の区分について

　建設業や製造業の現場では大変危険な作業が伴います。重大事故を引き起こす危険性も高いため、労働安全衛生法は、機械や化学物質の取扱いについて様々な規制を設けています。

1つの事業場で行われる業態ごとに定められているのが「業種」です。労働安全衛生法は、業種に応じて異なる安全衛生管理の規制が定められています。1つの事業場において適用されるのは1つの業種のみであるため、同一の場所で複数の業務が行われる場合には、業種ごとに事業場も区別されます。

■■ 労働安全衛生法上の事業者や労働者について

　労働安全衛生法には、その事業場で働く労働者の健康と安全を守るために、事業主と労働者が守らなければならない事項が規定されていますが、その大部分は事業者が行わなければならない措置あるいは行うことが禁止されている事項です。

　ここで「事業者」とは、その事業における経営主体、つまり「事業を行う者で、労働者を使用するもの」です（2条3号）。個人企業の場合は、その個人企業を経営している事業主個人が事業者となり、株式会社や合同会社などの法人企業の場合は、法人自体が事業者になります。これに対し、事業または事務所（同居の親族のみを使用する事業または事務所を除く）に使用され、賃金を支払われる者が「労働者」です（2条2号）。ただし、家事使用人などは労働安全衛生法の適用が除外されます。注意すべき点は、名称や雇用の形態などは無関係だということです。

■ 事業場のカウント方法 ·····································

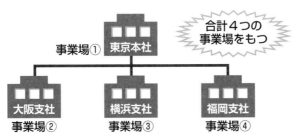

相談 事業者の責任

Case 雇っている労働者が、作業中に事故に遭いました。労働安全衛生法が、労働災害防止のために、快適な職場環境の実現と労働条件の改善に関する責務を規定しています。具体的には、事業者にはどのような責任が生じますか。

・・

回答 労働災害を発生させた事業者は、刑事責任・民事責任の対象となるとともに、行政処分を受ける場合もあります。

・**刑事責任**

労働安全衛生法の多くの規定の違反については刑事責任の対象になります。違反行為者が事業者の代表者や従業者などである場合には、代表者や従業者などに刑罰が科されるとともに、その事業者にも罰金刑が科されます。これを両罰規定といいます。

・**民事（民事損害賠償）責任**

労働災害によって死傷した労働者またはその遺族は、労働者災害補償保険の給付を受けることができます。しかし、それだけですべてが片付くわけではありません。労働者が労働災害によって受けた精神的苦痛や財産的損害を賠償する民事上の責任が、事業者に対して生じることがあります。

・**行政処分**

労働安全衛生法の一定の規定に違反する事実がある場合、事業者や注文者などは、作業の停止や建設物等の使用停止・変更といった行政処分を受ける可能性があります。労働安全衛生法に違反する事実がなくても、労働災害発生の急迫した危険があって緊急の必要がある場合、事業者は、作業の一時停止や、建設物等の使用の一時停止といった行政処分を受ける可能性があります。

2 安全配慮義務について知っておこう

労働者の安全や健康を守るため必要な措置を講ずることが必要

■■ 安全配慮義務とは

　事業者（使用者）には「安全配慮義務」が課せられています。安全配慮義務とは、労働者が職場において安全に労務を提供できる環境を整備する義務ということです。これは労働災害の発生を防止し、労働者を保護するために定められた最低限度の義務だといえます。

　労働契約法5条は、「使用者は、労働契約に伴い、労働者がその生命、身体等の安全を確保しつつ労働することができるよう、必要な配慮をするものとする」と規定して、事業者（使用者）が労働者に対して安全配慮義務を負うことを明示しています。

■■ 具体的な措置内容とは

　安全配慮義務を果たすためにどのような対策を講じていくかについては、様々な場面が想定できるため、ケース・バイ・ケースで考えていく必要があります。

　たとえば、危険な作業方法などを伴う仕事に従事する労働者に対しては、労働者を危険から守るための措置を具体的に講じることが必要です。

　また、労働時間が長くなりすぎてしまい、労働者が過労死するような状況が生じているような場合には、その労働者の業務内容を洗い出した上で、振り分けが可能な分は他の労働者に行わせたり、新たな労働者を雇ったりするなど、労働者の負担を軽減するような措置を講じることが要求されます。

　労働者の健康のために普段から行うべきことは、専門医によるカウ

ンセリング（健康相談）を定期的に実施することです。カウンセリングにより何らかの健康上の問題が発覚した場合には、その都度適切な措置を講じることを考えます。

このように、事業者（使用者）が果たすべき安全配慮義務の内容は通り一辺倒なものではなく、労働者が置かれた労働環境の状況に応じて変化します。

労働者が劣悪な労働環境に置かれた場合、心身を害して休職をする可能性や、退職につながる可能性があります。事業者は、貴重な人材を失うばかりか、場合によっては劣悪な労働環境に対する訴えを起こされるケースもあり、多大な労力を費やす危険性があります。

このような事態を防ぐため、事業者は、労働者の安全や健康を守るために何をするべきかを常に考え、必要な配慮について措置を講じる必要があります。

■■ 安全配慮義務違反の具体例とは

どのような場合に安全配慮義務違反が問われるかは、労働者の置かれた環境などによって変わるため、一概に説明することはできません。ここでは、いくつかの裁判例をもとに、「安全配慮義務違反がある」という判断が下された事例を示していきます。

まず、製造現場での被災という点において「石綿セメント管を製造していた会社の従業員に対する安全配慮義務違反」が認められたケースがあります（さいたま地裁平成24年10月10日判決）。石綿（アスベスト）に関しては、作業に従事した労働者に対する多大な健康被害が現在でもたびたび取り上げられています。

なお、石綿の健康被害については、石綿健康被害救済法に基づいて、平成19年（2007年）4月以降、労災保険適用事業場のすべての事業主（事業者）に対して、石綿健康被害救済のための一般拠出金の負担を義務付けています。

次に、宿直中の労働者が外部からの侵入者により殺傷された事件が発生したケースでは、会社が外部からの侵入者を防ぐための物的設備を施すなどの措置を講じなかった点に安全配慮義務違反があったとされました（最高裁昭和59年4月10日判決）。

　さらに、労働者が過労死した事件においては、会社が労働者の健康に配慮し、業務の軽減・変更などの方法で労働者の負担を軽減するための適切な措置をとらなかった点に安全配慮義務違反があったとされました（東京高裁平成11年7月28日判決）。

　他にも、労働者が勤務中に自動車の運転を誤って同乗者を死亡させた事件では、会社などの安全配慮義務として、車両の整備を十分に行う義務や、十分な運転技術を持つ者を自動車の運転手として指名する義務があるとされています（最高裁昭和58年12月6日判決、最高裁昭和58年5月27日判決）。

　このように、安全配慮義務は様々な場面で問題となります。事業者は、自社の労働者を危険から守るためにどのような安全配慮義務を負

■ **安全配慮義務を果たすための会社側の対策** ………………………

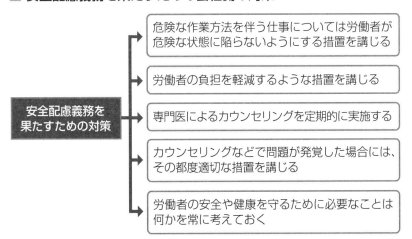

安全配慮義務を果たすための対策

- 危険な作業方法を伴う仕事については労働者が危険な状態に陥らないようにする措置を講じる
- 労働者の負担を軽減するような措置を講じる
- 専門医によるカウンセリングを定期的に実施する
- カウンセリングなどで問題が発覚した場合には、その都度適切な措置を講じる
- 労働者の安全や健康を守るために必要なことは何かを常に考えておく

うのかについて、常に考えていく必要があります。

■■ 中高年齢者に対しての安全配慮

　近年、少子高齢化や不景気のため、中高年の労働者の割合が増加する事業場が多くあります。経験豊富で知識量、技術力の高い労働者がいるのは、事業場にとって財産といえる一方で、年齢が高くなるとともに心身の機能が衰え、労働能力が低下する傾向があることも事実です。また、中高年齢者（中高齢者）が労働災害にあった場合、若年者に比べて、治癒に多くの日数が必要であるという傾向もあります。

　このため、労働安全衛生法62条では、事業者が中高年齢者について「心身の条件に応じて適正な配置を行う」ように努力することを求めています。中高年齢者に対する配慮としては、身体的に過重な負担がかかる作業を行う部門から軽易な作業を行う部門に移す方法や、一人で行っていた業務を複数で分担できるようにする方法などが考えられます。なお、中高年齢者の具体的な年齢は、厚生労働省では概ね50歳以上を想定しています。

　なお、労働者の身体的機能や労働能力は年齢だけではかれるものではなく、事業者は、個々の労働者の心身の状況をチェックした上で、必要な措置を検討する必要があります。

■ 中高年齢者に対する安全配慮義務 ……………………………………

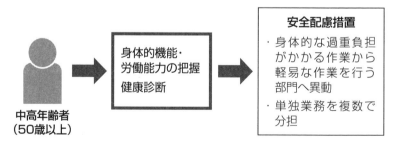

安全配慮措置
・身体的な過重負担がかかる作業から軽易な作業を行う部門へ異動
・単独業務を複数で分担

身体的機能・
労働能力の把握
健康診断

中高年齢者
（50歳以上）

3 安全衛生管理体制の構築について知っておこう

業種や事業場の規模によって一定の者を選任しなければならない

■■安全衛生管理体制の構築とは何か

　事業者には、安全で快適な労働環境を維持することが求められています。そのためには、安全確保に必要なものが何であるかを把握し、労働者に対して具体的な指示を出し、これを監督する者の存在が不可欠となります。このような観点から、労働安全衛生法は、安全で快適な労働環境を実現する土台として安全衛生管理体制を構築し、責任の所在や権限、役割などを明確にすることを義務付けています。具体的には、一定の業種および一定規模の事業場において、総括安全衛生管理者、安全管理者、衛生管理者、安全衛生推進者、衛生推進者、産業医、作業主任者などの選任を義務付けています。

　これらの者の選任が義務付けられているにもかかわらず選任しなかった場合、50万円以下の罰金が科せられる可能性があります。

■■総括安全衛生管理者（10条）とは

　総括安全衛生管理者は、事業所の安全衛生についての実質的な最高責任者です。安全管理者や衛生管理者などの指揮を行うとともに、以下のような業務の統括管理を行います。

① 労働者の危険または健康障害を防止するための措置に関すること
② 労働者の安全または衛生のための教育の実施に関すること
③ 健康診断の実施その他健康の保持増進のための措置に関すること
④ 労働災害の原因の調査および再発防止対策に関すること
⑤ ①〜④の他、労働災害を防止するため必要な業務で、厚生労働省令で定めるもの

■■統括安全衛生管理者の選任について

　以下に該当する事業場では、総括安全衛生管理者を選任することが義務付けられています。

① 　林業、鉱業、建設業、運送業、清掃業の事業場で、常時100人以上の労働者を使用している場合

② 　製造業（物の加工業を含む）、電気業、ガス業、熱供給業、水道業、通信業、各種商品卸売業、家具・建具・じゅう器等卸売業、各種商品小売業、家具・建具・じゅう器小売業、燃料小売業、旅館業、ゴルフ場業、自動車整備業、機械修理業の事業場で、常時300人以上の労働者を使用している場合

③ 　その他の業種の事業場で、常時1000人以上の労働者を使用している場合

　総括安全衛生管理者に選任されるために特別な資格や経験は不要です。工場長などの役職名を持っていなくてもかまいません。

　なお、総括安全衛生管理者の選任は、総括安全衛生管理者を選任すべき事由が発生した日から14日以内に行わなければなりません。選任後は、速やかに所轄労働基準監督署長に報告書を提出する必要があります。

■ 総括安全衛生管理者を選任しなければならない業種と規模 ……

業　　種	事業場の規模 （常時使用する労働者数）
林業、鉱業、建設業、運送業、清掃業	100人以上
製造業（物の加工業を含む）、電気業、ガス業、熱供給業、水道業、通信業、各種商品卸売業、家具・建具・じゅう器等卸売業、各種商品小売業、家具・建具・じゅう器小売業、燃料小売業、旅館業、ゴルフ場業、自動車整備業、機械修理業	300人以上
その他の業種	1000人以上

■■ 安全管理者（11条）とは

　安全管理者は、事業場の安全に関する技術的事項を管理する者のことです。安全管理者が担当する業務のひとつは、労働安全衛生法10条1項が規定する以下の業務（総括安全衛生管理者が統括管理する業務）のうち、安全についての技術的事項を管理することです。

① 　建設物、設備、作業場所または作業方法に危険がある場合における応急措置または適当な防止の措置

② 　安全装置、保護具その他危険防止のための設備・器具の定期的点検および整備

③ 　作業の安全についての教育および訓練

④ 　発生した災害原因の調査および対策の検討

⑤ 　消防および避難の訓練

⑥ 　作業主任者その他安全に関する補助者の監督

⑦ 　安全に関する資料の作成、収集および重要事項の記録

⑧ 　その事業の労働者が行う作業が他の事業の労働者が行う作業と同一の場所において行われる場合における安全に関し、必要な措置

　もう一つの業務は、作業場等を巡視（巡回）し、設備や作業方法などに危険のおそれがある場合は、直ちにその危険を防止するための必要な措置を講じなければならないことです。衛生管理者や産業医などとは異なり、作業場等の巡視の回数や頻度についての定めは特にありません。

　なお、安全管理者の業務は、総括安全衛生管理者が選任されている事業場では、その指揮の下で行うことになります。

■■ 安全管理者の選任について

　製造業や林業、建設業などの一定の業種で、事業場で常時使用する労働者の数が50人以上の場合に、安全管理者の選任が義務付けられています。安全管理者の選任は、安全管理者を選任すべき事由が発生した日から14日以内に行わなければなりません。

また、原則としてその事業場に専属の安全管理者を選任しなければなりません。ただし、2人以上の安全管理者を選任する場合で、その安全管理者の中に労働安全コンサルタントが含まれる場合は、当該労働安全コンサルタントのうち1人は事業場に専属の者である必要はありません。

　なお、安全管理者となるには、安全に関する一定の資格が必要です。具体的には、以下のいずれかの資格を保有する者でなければいけません。

① 　大学や高等専門学校等で理科系統の正規の過程を修めて卒業して2年（高校、中等教育学校の卒業者の場合は4年）以上「産業安全の実務」に従事した者のうち、厚生労働大臣が指定した安全についての技術的事項を管理するのに必要な知識についての研修を修了したもの

② 　労働安全コンサルタント

③ 　その他厚生労働大臣が指定する者

■■ 衛生管理者（12条）とは

　衛生管理者とは、事業場の衛生についての技術的事項を管理する専門家のことです。

　衛生管理者となるには、衛生に関する一定の資格が必要です。具体的には、以下のいずれかの資格を保有する者でなければなりません。

① 　衛生工学衛生管理者免許

■ 安全管理者を選任しなければならない業種と規模 ⋯⋯⋯⋯⋯⋯

業　　種	事業場の規模 （常時使用する労働者数）
林業、鉱業、建設業、運送業、清掃業、製造業（物の加工業を含む）、電気業、ガス業、熱供給業、水道業、通信業、各種商品卸売業、家具・建具・じゅう器等卸売業、各種商品小売業、家具・建具・じゅう器小売業、燃料小売業、旅館業、ゴルフ場業、自動車整備業、機械修理業	50人以上

② 第一種衛生管理者免許

③ 第二種衛生管理者免許（下図表の①に掲げられた業種では衛生管理者になることができない資格）

④ 医師・歯科医師

⑤ 労働衛生コンサルタント

⑥ その他で厚生労働大臣が指定する者

　衛生管理者は、業種を問わず、常時50人以上の労働者を使用する事業場で選任が義務付けられており、労働者の人数に応じて選任すべき衛生管理者の人数が決まります。具体的には、以下のようになっています。

・常時使用する労働者数が50人以上200人以下の事業場は1人以上

・常時使用する労働者数が201人以上500人以下の事業場は2人以上

・常時使用する労働者数が501人以上1000人以下の事業場は3人以上

・常時使用する労働者数が1001人以上2000人以下の事業場は4人以上

・常時使用する労働者数が2001人以上3000人以下の事業場は5人以上

・常時使用する労働者数が3001人以上の事業場は6人以上

　衛生管理者が担当する業務は、労働安全衛生法10条1項が規定する業務（95ページ）のうち、衛生についての技術的事項を管理することです。もう一つは、少なくとも毎週1回作業場等を巡視（巡回）し、設備、

■ 衛生管理者の免許等資格要件 ···

業　　種	免許等保有者
①農林畜水産業、鉱業、建設業、製造業（物の加工業を含む）、電気業、ガス業、水道業、熱供給業、運送業、自動車整備業、機械修理業、医療業及び清掃業	第一種衛生管理者免許、衛生工学衛生管理者免許を有する者または医師、歯科医師、労働衛生コンサルタント、その他で厚生労働大臣が指定する者
②その他の業種	上記の免許等保有者に加えて、第二種衛生管理者免許を有する者

作業方法、衛生状態に有害のおそれがある場合には、直ちに労働者の健康障害を防止するため必要な措置を講じなければならないことです。

　なお、衛生管理者の選任は、衛生管理者を選任すべき事由が発生した日から14日以内に行わなければならず、原則として事業場に専属の衛生管理者を選任することが必要です。ただし、2人以上の衛生管理者を選任する場合で、その衛生管理者の中に労働衛生コンサルタントが含まれる場合は、当該労働衛生コンサルタントのうち1人は事業場に専属の者であることを要しません。

■■ 安全衛生推進者、衛生推進者（12条の2）とは

　中小規模の事業場で職場の安全と衛生を担うのが、安全衛生推進者や衛生推進者です。安全管理者や衛生管理者の選任を要しない事業場で、総括安全衛生管理者が総括管理する業務を担当します（衛生推進者は衛生に関する業務に限ります）。

　安全衛生推進者または衛生推進者（以下「安全衛生推進者等」といいます）が担当する業務は、労働安全衛生法10条1項が規定する業務（95ページ）です。たとえば、施設や設備等の点検、健康診断や健康の保持増進のための措置、安全衛生教育、異常な事態における応急措置などです。ただし、衛生推進者は「衛生に係る業務」のみを担当します。

　常時10人以上50人未満の労働者を使用する事業場において、安全管理者の選任が必要な業種（林業・建設業・製造業・通信業など）では安全衛生推進者を選任する義務を負います（次ページ図）。一方、安全衛生推進者の選任義務を負わない業種（金融業など）では、比較的危険度が低いとされるため、衛生推進者を選任する義務を負います。

　安全衛生推進者等は、その選任すべき事由が発生した日から14日以内に選任しなければなりません。しかし、所轄労働基準監督署長などに選任報告書を提出する義務はありません。

　安全衛生推進者等に選任できるのは、①都道府県労働局長の登録を

受けた者が行う講習を修了した者、②安全管理者・衛生管理者・労働安全コンサルタント・労働衛生コンサルタントの資格を有する者、③大学卒業後1年以上安全衛生（衛生推進者については衛生）の実務経験を積んだ者など、安全衛生推進者等としての業務を行うのに必要な能力があると認められる者です。

　安全衛生推進者等の選任後、事業者は安全衛生推進者等の氏名を関係労働者に周知させる必要があります。具体的には名札や、他の作業員とは違う色のヘルメットの着用などの方法による周知が考えられます。

産業医（13条）とは

　産業医とは、事業者と契約して、事業場における労働者の健康管理等を行う医師のことです。常時50人以上の労働者を使用するすべての

■ 安全衛生推進者、衛生推進者の選任と業務 ……………………

安全衛生推進者の選任が必要な業種	事業規模	安全衛生推進者の業務内容
林業、鉱業、建設業、運送業、清掃業、製造業（物の加工業を含む）、電気業、ガス業、熱供給業、水道業、通信業、各種商品卸売業、家具・建具・じゅう器等卸売業、各種商品小売業、家具・建具・じゅう器小売業、燃料小売業、旅館業、ゴルフ場業、自動車整備業、機械修理業	労働者の数が常時10人以上50人未満の事業場	・労働者の危険・健康障害を防止するための措置 ・労働者の安全衛生のための教育の実施 ・健康診断の実施その他健康の保持増進のための措置 ・労働災害の原因の調査や再発防止対策　など

衛生推進者の選任が必要な業種	事業規模	衛生推進者の業務内容
安全衛生推進者の選任が必要な業種以外の業種	労働者の数が常時10人以上50人未満の事業場	安全衛生推進者の業務のうち衛生に関する事項

業種の事業場で選任が義務付けられています。

　産業医の主な業務は、健康診断の実施や作業環境の維持管理などの労働者の健康管理、健康教育や健康相談、労働者の健康障害の原因の調査や再発防止のための措置などです。特に、長時間労働に対して、産業医の役割が効果的に発揮されるためには、事業所は労働者の労働時間の状況を的確に把握している必要があります。

　さらに、少なくとも毎月1回作業場等を巡視し、作業方法または衛生状態に有害のおそれがあるときは、直ちに労働者の健康障害を防止するために必要な措置を講じなければなりません。

　なお、平成29年（2017年）施行の法改正で、事業者の同意と所定の情報提供がある場合には、作業場等の巡視は「少なくとも2か月に1回以上」に変更することが可能になりました。その他、産業医は、労働者の健康を確保するため必要があると認めるときは、事業者に対し、労働者の健康管理等について必要な勧告ができます。

　産業医は、常時50人以上の労働者を使用するすべての業種の事業場で選任しなければなりませんが、以下のいずれかの事業場ではさらに専属の産業医を選任する必要があります。

① 　常時1000人以上の労働者を使用する事業場
② 　坑内労働、多量の高熱物体を取り扱う業務、有害放射線にさらさ

■ 産業医の役割 ……………………………………………

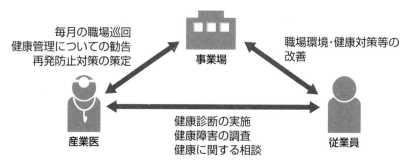

毎月の職場巡回
健康管理についての勧告
再発防止対策の策定

事業場

職場環境・健康対策等の
改善

産業医

健康診断の実施
健康障害の調査
健康に関する相談

従業員

れる業務など、一定の有害業務に常時500人以上の労働者を使用する事業場または常時3000人を超える労働者を使用する事業場では、2人以上の産業医を選任しなければなりません。

なお、常時50人未満の労働者を使用する事業場では、産業医の選任義務はありませんが、労働者の健康管理を行うべきであることは言うまでもありません。そこで、労働安全衛生法では、このような事業場についても医師や地域産業保健センターの名簿に記載されている保健師などに、労働者の健康管理を行わせるよう努めることを求めています。

産業医は、労働者の健康管理等を行うのに必要な医学の知識や、労働衛生の知識を備えていることが必要です。また、選任すべき事由が発生した日から14日以内に選任し、選任後は速やかに選任報告書を所轄労働基準監督署長に提出する義務を負います。

■■ 作業主任者（14条）とは

労働者が特に危険な場所において業務を行う場合に、労働災害の防止のために選任されるのが作業主任者です。作業主任者の選任義務が生ずるのは、事業の規模に関係なく、主として以下のような危険・有害作業に労働者を従事させる場合です。

① 高圧室内作業
② ボイラーの取扱いの作業
③ ガンマ線照射装置を用いて行う透過写真の撮影の作業
④ コンクリート破砕器を用いて行う破砕の作業
⑤ 高さが5m以上のコンクリート造の工作物の解体または破壊の作業

作業主任者の業務は、現場の労働者が行う作業の内容に応じて異なります。一般的には、作業に従事する労働者の指揮の他、使用する機械等の点検、安全装置等の使用状況の監視、異常発生時の必要な措置などを行います。作業主任者になる資格を有するのは、①都道府県労働局長の免許を受けた者、または②都道府県労働局長の登録を受けた

者が行う技能講習を修了した者です。①②のどちらを必要とするかは作業の内容によって異なります。

　たとえば、高圧室内作業や大規模なボイラー取扱作業などの場合は、①の免許取得者のみが作業主任者の資格を有します。これに対し、小規模のボイラー取扱作業などの場合は、①の免許取得者の他、②の技能講習修了者も作業主任者の資格を有します。

　作業の内容に応じて必要とされている免許や技能講習は、労働安全衛生規則16条・別表第一で細分化されていますが、技能講習は都道府県労働局長の登録を受けた「登録教習機関」が執り行っています。

　作業主任者の選任後、事業者は、作業主任者の氏名やその者に行わせる事項を「作業場の見やすい箇所に掲示する等」の方法で関係労働者に周知させなければなりません。「掲示する等」の方法には、作業主任者に腕章を付けさせる、特別の帽子を着用させるなどの措置が含まれます。

　一方、作業主任者については、安全衛生推進者や衛生推進者などとは異なり、選任しなければならない理由が生じてから14日以内に選任する義務や、所轄労働基準監督署長などに選任報告書を提出する義務は課されていません。また、代理者を選任する必要はなく、専属・専任の者を選任する必要もありません。

■ **作業主任者一覧表** ……………………………………………………………

作業主任者一覧表

作業の内容	作業主任者 氏名
地山の掘削作業（5m）	青木　高雄
型枠支保工の組立作業	井上　健二
足場組立作業	宇野　琢磨

作業場の見やすい箇所に掲示

下請けと元請けが混在する建設現場における安全衛生管理体制について知っておこう

複数の関係請負人の労働者の混在による労働災害を防ぐ必要がある

■■ 建設業の安全衛生管理体制

建設業においては、発注者から仕事を直接請け負った「元方事業者」（1つの場所で行う事業の仕事の一部を関係請負人に請け負わせている最も先次の注文者のこと）と、その元方事業者から仕事を請け負った下請事業者（労働安全衛生法では「関係請負人」と呼んでいます）とが、同一の場所で混在して作業をするのが一般的です。

このような現場では、管理が行き届かず、労働災害が起こりやすくなります。また、下請事業者が担う仕事の内容は、部分的であるがゆえに専門性が高く、危険を伴うことが少なくありません。そのため、より一層徹底した安全管理体制の確立が求められます。

そこで、労働安全衛生法は、下請事業者内部のみではなく、当該仕事を依頼した元方事業者に対しても一定の責任を負わせています。伝い的には、建設業の事業者に対し、前述の安全衛生管理体制（95ページ）に加えて、元方事業者が統括安全衛生責任者、元方安全衛生管理者、店社安全衛生管理者を選任し、下請業者が安全衛生責任者を選任することで、現場の全体を統括することが可能となる安全衛生管理体制を構築するように義務付けています。

■■ 統括安全衛生責任者（15条）とは

元請負人（元方事業者）と下請負人の労働者が同一の場所で混在して作業を行う建設業においては、作業に従事する労働者数が常時50人以上（ずい道等の建設の仕事、一定の橋梁の建設の仕事、圧気工法による作業を行う仕事では常時30人以上）の規模の事業場について、

「統括安全衛生責任者」を選任しなければなりません。

　統括安全衛生責任者は、元方事業者と下請事業者の連携をとりながら、労働者の安全衛生を確保するための責任者です。統括安全衛生責任者の業務は、元方安全衛生管理者を指揮すること、および以下の事項を統括管理することです。

① 協議組織の設置・運営

② 作業間の連絡・調整

③ 作業場所の巡視

④ 関係請負人（下請負人）が行う労働者の安全または衛生のための教育に対する指導・援助

⑤ 建設業の特定元方事業者にあっては、仕事の工程に関する計画および作業場所における機械・設備等の配置に関する計画の作成や、当該機械・設備等を使用する作業に関し関係請負人が労働安全衛生法または同法に基づく命令の規定に基づき講ずべき措置についての指導

⑥ ①～⑤の事項の他、労働災害を防止するため必要な事項

■ 統括安全衛生責任者の選任義務がある事業場 ·······················

建設業または造船業で、元方事業者とその請負人の労働者が同一の場所で作業を行う場合であって、労働者数が常時 50 人以上の規模の事業場

または

ずい道等の建設の仕事、一定の橋梁の建設の仕事、圧気工法による作業を行う仕事で、元方事業者とその請負人の労働者が同一の場所で作業を行う場合であって、労働者数が常時 30 人以上の規模の事業場

■■ 元方安全衛生責任者（15条の2）とは

　元方安全衛生管理者とは、建設現場で統括安全衛生責任者を補佐して技術的事項を管理する実質的な担当者です。一定規模以上の建設現場では、同一の場所で異なる事業者に雇用された労働者が作業を行うことがあります。この場合に元請負人（元方事業者）と下請負人（関係請負人）の連携が円滑になるよう、統括安全衛生責任者は現場の安全衛生を統括管理し、元方安全衛生管理者を指揮します。その指揮の下で、元方安全衛生管理者は統括安全衛生責任者が統括管理する事項のうち技術的事項の管理を行います。

　元方安全衛生管理者は、以下のいずれかの資格を有する者のうちから、建設業を行う元方事業者が選任義務を負います。

①　大学または高等専門学校における理科系統の正規の課程を修めて卒業した者で、その後3年以上建設工事の施工における安全衛生の実務に従事した経験を有する者

②　高等学校または中等教育学校において理科系統の正規の学科を修めて卒業した者で、その後5年以上建設工事の施工における安全衛生の実務に従事した経験を有する者

③　その他、厚生労働大臣が定める者

■■ 店社安全衛生責任者（15条の3）はどんなことをするのか

　一定規模の建設現場などでは、統括安全衛生管理者などを選任して安全衛生を確保しています。しかし、それらの選任義務がない小規模の工事現場などにおいても、労働安全衛生法は、一定の要件を充たす場合に元請負人（元方事業者）が店社安全衛生管理者を選任し、下請負人（関係請負人）との連携をとりながら、事業場の安全衛生の管理をするよう義務付けています。

　店社安全衛生管理者の選任義務を負うのは、たとえば、鉄骨造または鉄骨鉄筋コンクリート造の建築物の建設の仕事で、常時従事する労

働者数（関係請負人を含めた数）が20人以上50人未満など、一定の要件を充たす事業場です。また、店社安全衛生管理者となる資格を有するのは、大卒、高専卒、高卒などの学歴に応じて、一定の年数以上建設工事の施工における安全衛生の実務経験を有する者などです。

　店社安全衛生管理者の主な業務として、少なくとも毎月１回労働者が作業を行う場所を巡視し、労働者の作業の種類その他作業の実施の状況を把握します。さらに、協議組織の会議に随時参加し、仕事の工程や作業場所における機械・設備等の配置に関する計画の実施状況を確認することなども行います。

■■ 安全衛生責任者（16条）とは

　一定規模以上の建設現場では、元請業者（元方事業者）が統括安全衛生責任者を選任した上で、現場の安全衛生を確保しなければなりません。一方、元請業者から業務を請け負う下請業者（関係請負人）も同じく安全衛生に取り組む必要があります。そこで、元請業者が統括安全衛生責任者を選任しなければならない現場で自ら仕事を行う下請業者には、安全衛生責任者の選任が義務付けられています（16条）。

　安全衛生責任者の業務としては、以下のものが挙げられます。

① 統括安全衛生責任者との連絡

② 統括安全衛生責任者からの連絡事項の関係者への伝達

③ ②の連絡事項のうち、下請業者（安全衛生責任者を選任した下請業者）に関するものの実施についての管理

④ 下請業者が作成する作業計画と元請業者が作成する作業計画との整合性を図るために行う統括安全衛生責任者との連絡調整

⑤ 労働者の行う作業で生ずる労働災害の危険の有無の確認

⑥ 下請業者が仕事の一部を他の請負人に請け負わせている場合における当該他の請負人の安全衛生責任者との作業間の連絡調整

5 安全委員会、衛生委員会、安全衛生委員会について知っておこう

毎月１回以上これらの委員会を開催しなければならない

安全委員会（17条）、衛生委員会（18条）とは

　一定規模以上の事業場では安全委員会や衛生委員会の設置が義務付けられており、労働者の安全衛生を確保する必要があります。

　安全委員会は、労働者の危険の防止や労働災害の原因・再発防止対策（安全に関係するもの）などについて調査審議する委員会です。安全委員会では、労働者が事業場の安全衛生について理解と関心を持ち、事業者と意見交換を行います。労働者の意見が事業者の行う安全衛生措置に反映され、結果的に安全衛生管理体制の向上が期待できます。

　衛生委員会は、労働者の健康障害の防止や、健康の保持増進などについて調査審議する委員会です。労働災害の原因および再発防止対策（衛生に関するもの）も調査審議の対象となります。

安全委員会の設置義務と構成

　安全委員会は、林業・鉱業・建設業などでは常時50人以上、製造業・電気業・ガス業・熱供給業などでは常時100人以上を使用する事業場で設置義務が生じます。安全委員会の委員は、以下に該当する者で構成されます。

① 　総括安全衛生管理者または総括安全衛生管理者以外の者で当該事業場においてその事業の実施を統括管理する者か、これに準じる立場の者の中から事業者が指名した者

② 　安全管理者の中から事業者が指名した者

③ 　当該事業場の労働者で、安全に関し経験を有する者の中から事業者が指名した者

上記の①に該当する委員は1人を指名し、その者が議長になります。ただし、総括安全衛生管理者の選任義務がある事業場の場合は、①の委員は総括安全衛生管理者でなければなりません。

　一方、上記の②③に該当する委員の半数は、事業場に過半数組合（過半数の労働者で組織する労働組合）が存在する場合はその労働組合、過半数組合がない場合は過半数代表者（労働者の過半数を代表する者）の推薦に基づき指名する必要があります。

　なお、安全委員会の委員には、派遣先で就労する派遣労働者を指名することができます。この場合の派遣労働者は、安全に関しての経験をもつ者であることが必要です。

■■■衛生委員会の設置義務と構成

　衛生委員会は、業種を問わず、常時50人以上を使用する事業場で設置しなければなりません。衛生委員会の委員は、以下に該当する者で構成されます。

① 総括安全衛生管理者または総括安全衛生管理者以外の者で当該事業場においてその事業の実施を統括管理する者か、これに準じる立場の者の中から事業者が指名した者
② 衛生管理者の中から事業者が指名した者
③ 産業医の中から事業者が指名した者
④ 当該事業場の労働者で、衛生に関し経験を有するもののうち事業者が指名した者

　衛生委員会の委員については、③に該当する者を含まなければならない点が特徴です（選任される産業医は事業場の専属であることを要しません）。また、事業場で作業環境測定を実施している作業環境測定士を委員として指名することができます。作業環境測定士については指名義務がありません。

　安全委員会と同様、①に該当する委員は1人を指名し、その者が議

長となります。一方、②③に該当する委員の半数は、事業場に過半数組合が存在する場合はその労働組合、過半数組合がない場合は過半数代表者の推薦に基づき指名する必要があります。

　なお、衛生委員会の場合も、派遣先で就労する派遣労働者を委員として指名することができます。この場合の派遣労働者は、衛生に関しての経験をもつ者であることが必要です。

■■ 安全衛生委員会の設置と構成（19条）

　安全委員会と衛生委員会の設置義務がある事業場では、両者を統合した安全衛生委員会を設置することができます。安全衛生委員会の委員は、以下に該当する者で構成されます。

①　総括安全衛生管理者または総括安全衛生管理者以外の者で当該事業場においてその事業の実施を統括管理する者か、これに準じる立場の者のうちから事業者が指名した者

②　安全管理者および衛生管理者のうちから事業者が指名した者

③　産業医のうちから事業者が指名した者

④　当該事業場の労働者で、安全に関し経験を有する者のうちから事業者が指名した者

■ 安全委員会を設置しなければならない事業場 ・・・・・・・・・・・・・・・・・・・・・

業　　種	従業員の規模
林業、鉱業、建設業、製造業（木材・木製品製造業、化学工業、鉄鋼業、金属製品製造業、運送用機械器具製造業）、運送業（道路貨物運送業、港湾運送業）、自動車整備業、機械修理業、清掃業	常時50人以上
上記以外の製造業、上記以外の運送業、電気業、ガス業、熱供給業、水道業、通信業、各種商品卸売業、家具・建具・じゅう器等卸売業、家具・建具・じゅう器小売業、各種商品小売業、燃料小売業、旅館業、ゴルフ場業	常時100人以上

⑤　当該事業場の労働者で、衛生に関し経験を有する者のうちから事業者が指名した者

　なお、作業環境測定士を指名できる点や、①の委員１名が議長になること、過半数組合（ない場合は過半数代表者）の推薦などについては、前述した衛生委員会と同様です。

■■ それぞれの委員会の調査審議事項や開催時期など

　安全委員会では、以下のような事項を調査審議します。

①　労働者の危険を防止するための基本となるべき対策

②　労働災害の原因および再発防止対策で、安全に関するもの

③　①②の他、労働者の危険の防止に関する重要事項

　衛生委員会では、以下のような事項を調査審議します。

　ⓐ　労働者の健康障害を防止するための基本となるべき対策

　ⓑ　労働者の健康の保持増進を図るための基本となるべき対策

　ⓒ　労働災害の原因および再発防止対策で、衛生に関するもの

　ⓓ　ⓐ～ⓒの他、労働者の健康障害の防止および健康の保持増進に関する重要事項

　安全委員会や衛生委員会、安全衛生委員会は、毎月１回以上開催しなければなりません。開催時には議事内容を記録した上で、作業場の見やすい場所への掲示や、書面の交付により労働者に周知し、記録は３年間保存する必要があります。

■ 安全衛生委員会 ……………………………………………………

112

6 元方事業者が講ずべき措置について知っておこう

元方事業者は災害防止のために様々な措置を講じる必要がある

元方事業者は一般的にどのような義務を負うのか

発注者から仕事を受注した事業者が、その仕事を他の事業者に発注すること（下請け）は、建設業、造船業、鉄鋼業、情報通信業などで一般的に行われています。下請けで仕事を受注した事業者が、さらにその仕事を他の事業者に発注することを「孫請け」といいます。

下請けによって行われる仕事は、一般的に有害性が高いものが多いため、労働安全衛生法29条は、最初に発注者から仕事を引き受けた事業者（元方事業者）に対し、以下の措置を義務付けています。

① 関係請負人とその労働者が、労働安全衛生法の規定と同法に基づく命令に違反しないために必要な指導を行うこと

② 関係請負人とその労働者が、労働安全衛生法の規定と同法に基づく命令に違反している場合、是正に必要な指示を行うこと（関係請負人とその労働者は当該指示に従う義務を負います）

建設業の元方事業者について

建設業の現場においては、複数の事業者がそれぞれの労働者を率いて作業をする労働形態が一般的です。規模の大きい現場になればなるほど、事業者の数も増加します。また、作業内容が大きく変化する場合もあり、労働災害が発生する危険性も他の業種と比較して高いです。

こうした建設業の現場における安全管理水準の向上と労働災害の防止を目的にして、厚生労働省が策定した指針が「元方事業者による建設現場安全管理指針」です。以下の項目に関して、元方事業者が実施することが望ましい安全管理の具体的内容を記しています。

① 安全衛生管理計画の作成

② 過度の重層請負の改善

③ 請負契約における労働災害防止対策の実施とその経費の負担者の明確化など

④ 元方事業者による関係請負人とその労働者の把握など

⑤ 作業手順書の作成

⑥ 協議組織の設置・運営

⑦ 作業間の連絡・調整

⑧ 作業場所の巡視

⑨ 新規入場者（新たに作業を行うことになった労働者）教育

⑩ 新たに作業を行う関係請負人に対する措置

⑪ 作業開始前の安全衛生打合せ

⑫ 安全施工サイクル活動の実施

⑬ 職長会（リーダー会）の設置

　また、建設業の元方事業者は、土砂等が崩壊するおそれがある場所などにおいて関係請負人の労働者が建設業の仕事の作業を行うときは、関係請負人が講ずべき危険防止措置が適正に講じられるよう、技術上の指導などの必要な措置が義務付けられています（29条の2）。

■■■特定元方事業者が講じなければならない措置とは

　特定事業を行う元方事業者のことを「特定元方事業者」といいます（15条1項）。特定事業とは「建設業」「造船業」の2つの事業です。

　特定元方事業者は、同一の場所において特定事業に従事する労働者（関係請負人の労働者を含む）に生じる労働災害を防止するため、以下の事項について必要な措置を講じる義務を負います（30条1項）。

① 協議組織の設置・運営

② 作業間の連絡・調整

③ 作業場所の巡視（毎作業日に少なくとも1回行う）

④　関係請負人が行う労働者の安全または衛生のための教育に対する指導・援助

⑤　仕事の工程や作業場所における機械・設備等の配置に関する計画の作成と、機械・設備等を使用する作業に関して関係請負人が講ずべき措置についての指導（建設業においてのみ）

⑥　その他労働災害を防止するために必要な事項

　①の「協議組織」とは、複数の事業者が作業を行う現場において、元方事業者とすべての関係請負人が参加・協議する組織のことです。

　また、⑥の「必要な事項」に含まれるものとして、クレーン等の運転についての合図、事故現場等の標識、有機溶剤等の集積場所、警報、避難等の訓練の実施方法を統一することや、これらを関係請負人に周知させることなどの行為が挙げられます。

　なお、特定元方事業者がその現場における統括安全衛生責任者を選任した場合、その者に特定元方事業者が講ずべき措置の統括管理をさせる必要があります（15条1項）。また、統括安全衛生責任者を選任した特定元方事業者のうち、建設業を行う事業者は、元方安全衛生管理者を選任し、その者に統括安全衛生責任者が統括管理する事項のうち技術的事項を管理させる必要があります（15条の2）。

■ **元方事業者が講ずべき措置** ……………………………………

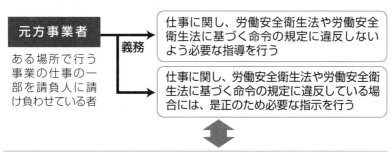

7 現場監督が講ずべき措置について知っておこう

現場監督は事業者に代わって作業場の安全を守る必要がある

■■ 現場監督はどんな措置を講じる必要があるのか

　労働安全衛生法は、労働者の安全と健康を守るために、事業者が講ずべき様々な措置を規定しています。現場監督はこれらの事業者が講ずべき義務について、実際に仕事が行われる作業場に有効に反映させる責務を担っています。

　たとえば、労働安全衛生法が事業者に対して義務付けている労働者の健康障害防止のための具体的な措置には、①機械等・爆発物等による危険防止措置（20条）、②掘削等・墜落等による危険防止措置（21条）、③健康障害防止措置（22条）、④作業環境の健康保全措置等（23条）などがあります。一方、労働安全衛生法26条では、事業者が講じる措置に対する労働者側の遵守義務が規定されています。

■■ 規則や通達にはどんなものがあるのか

　前述の措置に加えて、事業者が講ずべき措置を具体的に示すために定められているのが「クレーン等安全規則」などの厚生労働省令（労働安全衛生法などの法律に基づき厚生労働大臣が定める命令のこと）です（次ページ図）。

　また、厚生労働省令が定めていないものでも、労働者にとって必要と認められる措置については、通達により一定の指針が示される場合があります。たとえば、業務上疾病の約6割を占めるとされる腰痛については「職場における腰痛予防対策の推進について」という通達が発出されています。

　この通達にある「職場における腰痛予防対策指針」では、リスクア

セスメントや労働安全衛生マネジメントシステムの考え方を導入しつつ、作業管理、作業環境管理、健康管理、労働衛生教育等について、以下の腰痛予防対策を示しています。加えて、腰痛の発生が比較的多い作業の腰痛予防対策も示しています。

① **作業管理**

作業の自動化・省力化による負担軽減、不自然な作業姿勢・動作をとらない工夫、作業標準の策定・見直し、安静を保てる休憩設備を設けることなどが示されています。

② **作業環境管理**

適切な温度設定、作業場所・通路・階段などが明瞭にわかる照度の保持、凹凸がなく防滑性に優れた作業床面、十分な作業空間の確保、振動の軽減対策などが示されています。

③ **健康管理**

作業への配置前とその後6か月以内ごとの定期健康診断、作業前体操と腰痛予防体操の実施などが示されています。

④ **労働衛生教育等**

作業への配置前とその後必要に応じ、腰痛予防のための安全衛生教育を行うことなどが示されています。

■ **危険防止や健康被害防止について定める様々な規則** ‥‥‥‥‥

機械等（機械・器具などの設備）の作業の危険防止について定めるもの	➡	クレーン等安全規則 ゴンドラ安全規則 ボイラー及び圧力容器安全規則　など
材料の使用に伴う健康被害防止について定めるもの	➡	有機溶剤中毒予防規則 粉じん障害防止規則 石綿障害予防規則　など

8 注文者が講ずべき措置について知っておこう

安全・衛生に作業をするために、注文主にも講ずるべき措置がある

■■ 建設物等や建設機械の使用につき注文者が講ずべき措置とは

労働安全衛生法31条1項は、特定事業（建設業・造船業）の仕事を自ら行う注文者は、建設物等（建設物・設備・原材料）を、当該仕事を行う場所においてその請負人の労働者に使用させるときは、当該建設物等について、当該労働者の労働災害を防止するため必要な措置を講じる義務を負います。たとえば、建設物等を使用した建設業の仕事の一部をA社がB社に依頼し、さらにB社がC社に依頼した場合は、A社とB社が注文者となり得ますが、最も上位であるA社のみが、上記の「注文者」としての義務を負います。

また、上記により必要な措置を講じる義務の対象物となる「建設物等」は、労働安全衛生規則によると、「くい打機及びくい抜機、軌道装置、型わく支保工、アセチレン溶接装置、交流アーク溶接機、電動機械器具、潜函等、ずい道等、ずい道型わく支保工、物品揚卸口等、架設通路、足場、作業構台、クレーン等、ゴンドラ、局所排気装置、プッシュプル型換気装置、全体換気装置、圧気工法に用いる設備、エックス線装置、ガンマ線照射装置」が該当します。これらの使用は労働者に危険が伴うため、労働安全衛生規則では、各々の建設物等について、基準や規格に適合したものの使用や、安全のための措置を注文者に義務付けています。

また、建設業の仕事を行う2以上の事業者の労働者が一つの場所において一定の建設機械（機体重量3t以上のパワー・ショベル、つり上げ荷重が3t以上の移動式クレーンなど）を使用する作業（特定作業）を行う場合、注文者（特定作業の仕事を自ら行う発注者または当

該仕事の全部を請け負った者で、当該場所で当該仕事の一部を請け負わせているもの）は、当該場所で特定作業に従事するすべての労働者の労働災害防止措置を講じる義務を負います（31条の３）。

■■ 化学物質などを取り扱う設備において講ずべき措置

化学物質の中には人体に有害な物質も存在するため、細心の注意が必要です。労働安全衛生法31条の２および労働安全衛生規則662条の４は、化学設備の清掃等の作業の注文者による文書等の交付を義務付けています。具体的には、一定の化学設備・付属設備または一定の特定化学設備・付属設備の改造・修理・清掃等のため、上記の設備の分解作業や内部に立ち入る作業を請負人が行う場合、注文者は、請負人に以下の事項を記載した文書等を交付しなければなりません。

① 労働安全衛生法31条の２に規定するものの危険性と有害性
② 作業において注意すべき安全と衛生に関する事項
③ 作業の安全と衛生を確保するために講じた措置
④ 化学物質の流出などの事故が起きた場合に講ずべき応急措置

なお、注文者から上記の文書等を交付された請負人が、さらに他の事業者に上記の作業を行わせる場合は、安全のための措置を適切に引き継ぐため、その文書等の写しを他の事業者に交付しなければなりません。

■ 建設の仕事について注文者に求められる主な措置 ·················

注文者がとる措置

- 請負人の労働者に使用させる建設物等につき、当該労働者の労働災害を防止する必要な措置を講ずる
- 一定の建設機械の使用に関係する作業（特定作業）に従事するすべての労働者の労働災害を防止する措置を講ずる
- 化学設備の清掃等の作業を行う請負人に対して、所定の事項を記載した文書等を交付する

■■ 化学プラントの安全性の確保について

　化学プラントとは、化学物質の製造、取扱い、貯蔵などを行う工場施設や装置のことです。技術の進展に伴い、化学プラントの大型化・多様化が進んでおり、事故発生の場合は大惨事になるおそれがあるため、化学プラントの新設や変更などを行う際に安全性の事前評価を行う基準として、厚生労働省が「化学プラントにかかるセーフティ・アセスメントに関する指針」を定めています。この指針では、化学プラントの試運転開始までの間に、主に以下の5つの段階に沿って安全性にかかる事前調査を行うように定めています。

第1段階　関係資料の収集・作成

　対象となる化学プラントの特性を把握することを目的とします。たとえば、工程系統図、プロセス機器リスト、安全設備の種類とその設置場所等の資料の作成に際しては「誤作動防止対策」「異常の際に安全に向かうように作動する方式」を組み込むことが求められます。

第2段階　定性的評価－診断項目による診断

　化学プラントの一般的な安全性を確保するため、診断項目による定性的評価を行い、改善すべき点について設計変更等を行います。

第3段階　定量的評価

　5項目（物質、エレメントの容量、温度、圧力、操作）により、総合的に化学プラントの安全性にかかる定量的評価を行います。その際、災害の起こりやすさや災害が発生した場合の大きさなどについて、上記5項目を均等な比重で評価して、危険度ランクを付けます。

第4段階　プロセス安全性評価

　第3段階で得られた危険度ランクとプロセスの特性等に応じ、潜在的な危険の洗い出しを行い、妥当な安全対策を決定します。

第5段階　安全対策の確認等（最終的なチェック）

　これまでの評価結果について総合的に検討し、さらに改善点がないか最終チェックを行います。

第3章

危険防止と
安全衛生教育の基本

危険や健康被害を防止するための事業者の措置について知っておこう

危険要因の列挙と同時に明示される講ずべき措置

■■ 事業者はどんなことをしなければならないのか

　労災防止対策や安全で快適な労働環境の保全は、事故などを未然に防ぐことが最重要課題です。そのために労働安全衛生法が規定する事業者が講ずべき措置は、大きく分けて以下のように分類できます。

① 機械等、爆発性・引火性などの物、電気・熱などによる危険の防止措置（20条）

② 掘削・採石等、墜落・土砂等による危険の防止措置（21条）

③ 原材料、ガス、粉じん、放射線、高温、精密工作等の作業、排液などによる健康障害の防止措置（22条）

④ 建設物その他の作業場についての健康保持等の措置（23条）

⑤ 作業行動から生じる労働災害防止措置（24条）

⑥ 労働災害発生の危険急迫時の作業中止等の措置（25条）

⑦ 重大な事故が発生した時の救護等、安全確保の措置（25条の2）

　ここでは「③健康障害の防止措置」という項目をとりあげてみましょう。具体的に「何を防止すればよいのか」は業種により異なりますが、労働安全衛生法22条では、様々な業種を想定し「健康障害を生じさせる危険要因」の例として「原材料、ガス、蒸気、粉じん、酸素欠乏空気、病原体、放射線、高温、低温、超音波、騒音、振動、異常気圧、排気、排液、残さい物」などを挙げています。

　なお、建設業など危険性の高い業種などについては、細かい規定が設けられています。このように、労働安全衛生法は、労働災害・健康障害やその危険の原因・要因を列挙するのと同時に、それらについての対策を事業者に求めています。

そして、事業者の措置等が実効性を得るためには労働者の協力が必要です。労働安全衛生法26条は、「労働者は、事業者が第20条から第25条まで及び前条（25条の2）第1項の規定に基づき講ずる措置に応じて、必要な事項を守らなければならない」と規定しています。労働者の協力も義務付けることで、労働災害・健康障害の防止という目的を達成しようとしています。

■ 事業者が講じなければならない措置 ……………………………………

機械・爆発物・電気などから生じる危険の防止措置
・機械や器具等から生じる危険、爆発性・発火性・引火性のある物等による危険、電気・熱などのエネルギーによる危険が生じることを防止する措置

労働者の作業方法から生じる危険の防止措置
・掘削、採石、荷役、伐木等の作業方法から生ずる危険を防止する措置
・労働者が墜落するおそれのある場所、土砂等が崩壊するおそれのある場所での危険を防止するための措置

原材料や放射線などから生じる健康被害の防止措置
・原材料、ガス、蒸気、粉じん、酸素欠乏空気、病原体等による健康障害の防止措置
・放射線、高温、低温、超音波、騒音、振動、異常気圧等による健康障害の防止措置
・計器監視、精密工作等の作業による健康障害の防止措置
・排気、排液、残さい物による健康障害の防止措置

労働者を就業させる作業場についての必要な措置
・労働者を就業させる作業場について、通路・床面・階段等の保全、換気、採光、照明、保温、防湿、休養、避難、清潔に必要な措置など、労働者の健康、風紀、生命の保持のため必要な措置

労働者の作業行動についての必要な措置
・労働者の作業行動から生ずる労働災害を防止するための措置

災害発生の急迫した危険があるときの必要な措置
・労働災害発生の急迫した危険がある場合は、直ちに作業を中止し、労働者を作業場から退避させるなど必要な措置

2 建設現場などにおける事業者の義務について知っておこう

労働者の身を守るのが保護具

■■ なぜ保護具が必要なのか

　保護具とは、労働災害や健康障害の防止を目的として、労働者が直接身につけて使用するものを指します。労働者が危険性の高い作業に従事する場合に、保護具の着用または使用が必要とされます。

　事業者が備えるべき保護具の例として、保護帽（ヘルメット）、安全帯（落下防止のベルト・ロープ・フックなど）、呼吸用保護具等、皮膚障害等防止用の保護具などが挙げられます。

　たとえば、呼吸用保護具等（保護衣、保護眼鏡、呼吸用保護具など）は、以下の業務で備える必要があります。

① 　著しく暑熱または寒冷な場所での業務

② 　多量の高熱物体、低温物体、有害物を取り扱う業務

③ 　有害な光線にさらされる業務

④ 　ガス、蒸気、粉じんを発散する有害な場所における業務

⑤ 　病原体による汚染のおそれの著しい業務その他有害な業務

　次に、皮膚障害等防止用の保護具（塗布剤、不浸透性の保護衣、保護手袋、履物など）は、以下の業務で備える必要があります。

① 　皮膚に障害を与える物を取り扱う業務

② 　有害物が皮膚から吸収され、もしくは侵入して、健康障害もしくは感染をおこすおそれのある業務

　その他にも、強烈な騒音を発する場所における業務では、耳栓などの保護具を備える必要があります。

　事業者は、保護具の使用を命じたときは、遅滞なく（すぐに）その保護具を使用すべき旨を、労働者が見やすい場所に掲示しなければな

りません。一方、事業者から保護具の使用を命じられた労働者は、その保護具を使用しなければなりません。また、事業者は、労働者に保護具を使用させる義務がある作業については、請負人にも保護具を使用する必要がある旨を周知しなければなりません。

■ 事業者はどんなことに気をつけるべきか

事業者は、事業場において必要とされる保護具が適切に利用できるような状況を整えなければなりません。具体的には、同時に就業する労働者の人数と同数以上の保護具を常備し、労働者全員に行き渡るようにします。また、保護具は清潔かつ使用に問題がない状態を常時保つ必要があります。保護具の使い回しなどで疫病感染のおそれがある場合は、各人専用の保護具を用意するか、または疫病感染を予防する措置を講じる必要があります。

■ 保護具の種類と保護具が必要な作業 ……………………………………

保護帽の着用	・100kg以上の荷を貨物自動車に積み卸す作業 ・最大積載量２ｔ以上（５ｔ以上の場合もあり）の貨物自動車に荷を積み卸す作業 ・ジャッキ式つり上げ機械を用いた荷のつり上げ、つり下げ作業・明り掘削作業　　　　　など
墜落制止用器具の着用	・高さ２ｍ以上の高所作業で、作業床を設置できず、墜落の危険のある場合 ・足場の組立、解体などの作業 ・型枠支保工の組立て　・土止め支保工作業 ・採石のための掘削作業　　　　　　　　など
絶縁用保護具の着用	・高圧の充電電路の点検や修理など、当該充電電路を取り扱う作業で感電のおそれがある場合 ・電路やその支持物の敷設、点検、修理、塗装などの電気工事作業で感電のおそれがある場合　　など

3 騒音・振動の防止対策について知っておこう

騒音や振動を徹底管理し、健康障害を防ぐ

■■ どんな場合に問題となるのか

　昨今では、チェーンソーなどの機械工具を使用する場合、使用時に生じる振動が労働者の腕や身体に健康障害を発生させる「振動障害」が問題視されています。そのため、事業者は労働者がこうした機械工具を使用する際の振動障害を防ぐ措置をとらなければなりません。

　措置の具体的な内容については、まずはチェーンソーに限定された規定である「チェーンソー取扱い作業指針」（平成21年7月10日基発0710第1号）では、次の事項について示されています。

①　チェーンソーの選定基準

②　チェーンソーの点検・整備

③　チェーンソー作業の作業時間の管理および進め方

④　チェーンソーの使用上の注意

⑤　作業上の注意

⑥　体操などの実施

⑦　通勤の方法

⑧　その他（人員の配置、目立ての機材の備え付けなど）

　また、チッピングハンマー、エンジンカッター、コンクリートバイブレーターなどのチェーンソーを除いた振動工具（次ページ図）を対象とした「チェーンソー以外の振動工具の取扱い業務に係る振動障害予防対策指針」（平成21年7月10日基発0710第2号）では、次の事項が示されています。

①　対象業務の範囲

②　振動工具の選定基準

③　振動作業の作業時間の管理

④　工具の操作時の措置

⑤　たがねなどの選定・管理

⑥　圧縮空気の空気系統に係る措置

⑦　点検・整備

⑧　作業標準の設定

⑨　施設の整備

⑩　保護具の支給・使用

⑪　体操の実施

⑫　健康診断の実施とその結果に基づく措置

⑬　安全衛生教育の実施

■ **騒音や振動についてのまとめ**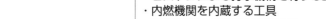

| チェーンソー以外の
振動対策が必要な工具 | ➡ | ・ピストンによる打撃機構を有する工具
・内燃機関を内蔵する工具
・携帯用皮はぎ機等の回転工具
・携帯用タイタンパー等の振動体内蔵工具
・携帯用研削盤やスイング研削盤
・卓上用研削盤や床上用研削盤
・締付工具
・往復動工具 |

| 作業場で騒音を測定
（作業環境測定） | ➡ | 85デシベル未満、85デシベル以上90デ
シベル未満、90デシベル以上の３つに区
分される |

| | | 騒音の大きさに応じて、作業環境の改善や
聴覚保護具の使用が必要になる |

■■ 振動障害を予防するための措置とは

チェーンソーについては、前述した「チェーンソー取扱い作業指針」において、事業者が講ずべき具体的な振動障害予防措置の指針が示されています。たとえば、チェーンソーを選定する際に、事業者に対して、防振機構内蔵型を選定することや、できる限り扱いやすい軽量のものを選ぶことなどを求めています（チェーンソーの選定基準）。

また、定期的な点検・整備とともに、管理責任者を選任しておくことが必要とされます。具体的には、チェーンソーの製造者や輸入者が取扱説明書等で示している時期・方法により、定期的に点検・整備して、常に最良の状態に保つようにしなければなりません。

一方、ソーチェーン（チェーンソーのカッター部分をつないでいるチェーン）については、目立て（切れなくなった刃を鋭くすること）を定期的に行い、業務場所に予備のソーチェーンを持参して適宜交換が可能な状態にしておくことが要求されています。選任される管理責任者は「振動工具管理責任者」と呼ばれ、チェーンソーの点検・整備状況を定期的に確認して、その状況を記録しておくことが必要とされます（チェーンソーの点検・整備）。

さらに、作業時間の管理については「チェーンソーを取り扱わない日を設けるなどの方法で1週間の振動ばく露時間を平準化する」「所定の計算式で日振動ばく露量を求めて、手腕への影響の評価とそれに基づく対策を行う」などが挙げられます（チェーンソー作業の作業時間の管理および進め方）。

その他、チェーンソーの使用上の注意（無理に木に押しつけない、移動時は運転を止める）、作業上の注意（身体の冷えを避ける、厚手の手袋や軽く暖かい服を用いる）、体操などの実施（毎日体操を行う）、通勤の方法（オートバイなどによる通勤を避ける）などについても、細かい指針が示されています。

チェーンソー以外の振動工具についても、前述した「チェーンソー

以外の振動工具の取扱い業務に係る振動障害予防対策指針」がありま
す。どちらの指針も基本的な内容は重複している部分が多いですが、
とりわけ所定の計算式を用いて日振動ばく露量を求めた上で、手腕
への影響の評価とそれに基づく対策（たとえば、低振動の工具の選定、
振動ばく露時間の抑制）を行うという措置を強く勧奨しています。こ
れは国際標準化機構（ISO）が推進する科学的管理手法の考え方を取
り入れたものです。

■■ 騒音について法律上義務付けられていることは何か

　騒音障害（騒音性難聴など）の防止について、事業者は「騒音障害
防止のためのガイドライン」（基発0420第2号令和5年4月20日）な
どに基づき、必要な措置をとることが求められます。

　このガイドラインは、作業場における騒音を発する作業を対象に策
定されたものです。作業環境の等価騒音レベルを測定・評価し、評価
区分に応じて聴覚保護具の使用、低騒音型機械の採用、防音監視室の
設置などが示されています。その他、騒音障害防止対策の管理者の選
任、騒音健康診断や労働衛生教育の実施などを求めています。

　特に事業者が「健康診断の結果を5年間保存する」「定期健康診断
の結果を所轄労働基準監督署長に遅滞なく（すぐに）通知する」点に
ついては、労働安全衛生規則が実施を明確に義務付けています。

　労働安全衛生法上の義務でもあるのは、著しい騒音を発する屋内作
業場の作業環境測定です（65条1項、2項）。6か月以内ごとに1回
（施設、設備、作業工程、作業方法を変更した場合はその都度）、定期
的に、以下の方法で等価騒音レベルの測定を実施する必要があります。

① 　作業場（屋内）の床平面上に6m以下の等間隔の縦線と横線を引
　　き、その交点（測定点）の床上1.2m～1.5mの位置に騒音計を置き、
　　10分間以上の等価騒音レベルを測定

② 　発生源に近接して作業が行われる場合、その位置で測定

4 酸素欠乏や粉じんに対する対策について知っておこう

危険な作業環境での作業で求められる措置

■■ 酸素欠乏危険作業について

酸素欠乏症とは、人体が酸素濃度18%未満の環境に置かれた場合に発症し、脳の機能障害および細胞破壊を引き起こす重大な健康障害です。特に井戸・地下室・倉庫・マンホールなどの内部や、炭酸水を湧出する地層などの場所での作業は、酸素欠乏症を発症する危険性が高まります。そこで、作業環境測定を行う必要があり、厚生労働省の告示である「作業環境測定基準」において、測定点や測定に用いる検査器具などについて、作業環境測定の具体的な基準を設けています。

■■ 事業者はどんなことをしなければならないのか

事業者は、酸素欠乏症等防止の対策を定めた「酸素欠乏症等防止規則」の遵守が義務付けられます。この規則では、作業場における空気中の酸素濃度の測定時期、測定結果の記録・保存、測定器具、換気、保護具等・要求性能墜落制止用器具等（労働者の墜落の危険のおそれに応じた性能を有する墜落制止用器具その他の命綱）、連絡体制、監視人等、退避、診察・処置など、細かい規定を設けています。また、所定の技能講習を修了した者の中から酸素欠乏危険作業主任者を選任し、労働者の指揮や、酸素欠乏症防止器具の点検などを行わせなければなりません。

■■ 粉じん作業について

労働安全衛生法上の義務として、事業者は、一定の粉じんを著しく発散する屋内作業場について、作業環境測定を行う必要があります（65条1項、2項）。粉じんには、土石、岩石、鉱物、金属、炭素など

がありますが、健康障害を引き起こす最も有名な粉じんは、鉱物の一種である石綿（アスベスト）です。石綿は建築用資材として多用され、粉じんの吸引により呼吸器系の重大な疾病を引き起こしてきました。

そこで、たとえば「粉じん障害防止規則」によると、土石、岩石、鉱物に関する特定粉じん作業（一定の粉じん発散源対策を講じる必要があり、その対策が可能である粉じん作業のこと）を行う屋内作業場では、原則として、粉じん中の遊離けい酸の含有量を測定します。

また、特定粉じん作業を行う屋内作業場における作業環境測定は、6か月以内ごとに1回、定期的に実施することが必要です。

■■■ 事業者はどんなことをしなければならないのか

事業者は、粉じんの濃度測定を行った際は、その都度、①測定日時、②測定方法、③測定箇所、④測定条件、⑤測定結果、⑥測定実施者の氏名、⑦測定結果に基づく改善措置の概要、⑧使用させた呼吸用保護具の概要を記載した測定記録を作成し、これを7年間保存します。

また、厚生労働省の告示である「作業環境評価基準」に照らして、作業環境評価を行わなければなりません。作業環境の管理の状態に応じて、第一管理区分、第二管理区分、第三管理区分に区分することにより、当該測定の結果の評価を行います。事業者は、作業環境評価の結果、第三管理区分に区分された場所については、直ちに、施設・設備・作業工程・作業方法の点検を行い、その結果に基づいて作業環境を改善するため必要な措置を講じ、その場所の管理区分が第一管理区分または第二管理区分となるようにしなければなりません。

事業者は「粉じん障害防止規則 別表第3」に掲げる作業に労働者を従事させる場合、労働者に有効な呼吸用保護具（送気マスク、空気呼吸器など）を使用させる義務を負います。そして、動力を用いて掘削する場所の作業などに労働者を従事させる場合は、労働者に電動ファン付き呼吸用保護具を使用させなければなりません。

5 石綿対策について知っておこう

■■ 建築物の解体等に際して講じなければならない措置とは

石綿（アスベスト）は、熱などに強く、頑丈で変化しにくく、コストパフォーマンスにも優れていたため、建築材料や化学設備などに多用されました。しかし、現在では石綿の製造、輸入、譲渡、提供、使用は全面禁止されています。石綿の粉じんを吸入することで肺ガンなどの重大な疾病を引き起こす場合があるためです。

事業者には、労働者の健康を守るため、建築物の解体等（解体・改修・封じ込め・囲い込み）をする際には、「石綿障害予防規則」などに基づき、必要な石綿対策の措置が義務付けられます。

また、「建築物等の解体等の作業及び労働者が石綿にばく露するおそれがある建築物等における業務での労働者の石綿ばく露防止に関する技術上の指針」（令和2年9月8日技術上の指針公示第22号）においては、石綿の調査や隔離等の他、集じん・排気装置の保守点検などについての詳細な指針が示されています。

なお、本項目では建築物を前提として説明していますが、船舶の解体等についても、ほぼ同様の規制が及びます。

■■ 事前調査・分析調査をする

建築物の解体等をする際、事業者は、原則として、あらかじめその建築物につき、石綿使用の有無を目視および設計図書（工事用の図面とその仕様書）などで調査しなければなりません（事前調査）。事前調査の結果の記録は3年間の保存義務があります。また、令和5年10月以降に着手する建築物の解体等については、厚生労働大臣が定める

適切に事前調査を実施するために必要な知識を有する者（一般建築物石綿含有建材調査者、特定建築物石綿含有建材調査者など）に事前調査を行わせることが義務化されていることに注意を要します。

ただ、目視による調査は、石綿使用の事実が見落されやすいという欠点があります。厚生労働省は「建築物等の解体等の作業における石綿ばく露防止対策の徹底について」（平成24年10月25日基安化発1025第3号）という通達で、内装仕上げ材、鉄骨造の柱、煙突内部、天井裏などの石綿使用の事実が見落とされやすい場所や、「石綿が煙突内部の石綿建材の上にコンクリートで覆われている」などの特殊な建設技術を要因とした見落されやすい石綿使用の例示などをしています。

そして、事前調査を行ったにもかかわらず、石綿使用の有無が明らかとならなかったときは、原則として、石綿使用の有無について分析による調査を行わなければなりません（分析調査）。

■ 石綿対策のまとめ ……………………………………………

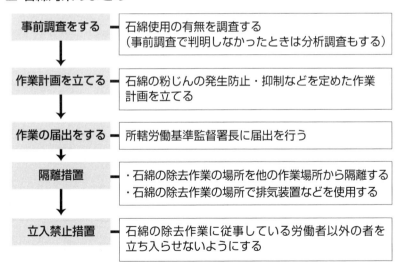

■■ 作業計画の策定・作業の届出（報告・提出）

　事前調査・分析調査の結果、建築物に石綿使用の事実が判明した場合には、事業者は、実際の作業の前に、「石綿障害予防規則」に定める措置を講じる必要があります。まず、①作業の方法・順序、②石綿粉じんの発散の防止・抑制の方法、③労働者への石綿粉じんのばく露を防止する方法を示した作業計画を定め、当該計画に従い建築物の解体等の作業を行わなければなりません。

　次に、建築物の解体等を行う前に、原則として、所轄労働基準監督署長への報告が必要です。報告すべき事項には、事前調査・分析調査の結果などが含まれます。また、建築物の解体等のうち、①吹付け石綿の除去等（除去・封じ込め・囲い込み）の作業、②石綿含有の保温材、耐火被覆材などの除去等の作業をする前にも、所轄労働基準監督署長に対し、建築物の概要を示す図面の提出が必要です。

■■ 隔離措置・立入禁止措置が必要な場合

　事業者は、建築物の解体等のうち、上記の①（囲い込みの作業は石綿の切断等（切断・破砕・研磨など）の作業を伴うものに限ります）、または上記の②（石綿含有の保温材、耐火被覆材などの切断等の作業を伴うものに限ります）を労働者に行わせる際には、以下の措置を講じる必要があります。

① 　作業場所をそれ以外の作業場所から隔離する
② 　作業場所の排気を行うのに集じん・排気装置を使用する
③ 　作業場所を負圧（屋外よりも気圧が低い状態）に保つ
④ 　作業場所の出入口に前室を設置する

　これに対し、事業者は、建築物の解体等のうち、石綿の切断等や石綿含有の保温材、耐火被覆材などの切断等の作業を伴わない一定の作業を行わせる際は、作業に従事する労働者以外の者の立入りを禁止し、かつ、その旨を見やすい場所に表示して周知しなければなりません。

有害物質に対する規制や対策について知っておこう

有害物質に関する徹底した規制

■■ 製造等の禁止と製造の許可に分けて規制している

労働者に重大な健康障害を生じさせ、またはそのおそれがある危険・有害物質について、労働安全衛生法は「製造等の禁止」をする物質と、「製造の許可」をする物質とに分けて、製造等の規制を設けています。特に、血液や尿路系器官、ガンのリスクなど、重度の健康障害を引き起こすリスクが高いものは、製造等の禁止物質として最も厳しい規制が設けられています。これらの製造等の規制は、事業者に限らず、すべての者が適用対象になっているのが特徴です。

■■ 製造等の禁止に該当する危険・有害物質

労働安全衛生法55条は、「黄りんマッチ、ベンジジン、ベンジジンを含有する製剤その他の労働者に重度の健康障害を生ずる物で、政令で定めるもの」を製造禁止物質としています。これらは、製造だけでなく輸入・譲渡・提供・使用（あわせて「製造等」といいます）が禁止されています。

製造等が禁止される危険・有害物質は、137ページ図の「製造等の禁止（施行令16条1項）」に列挙されているものです。

ただし、試験研究目的があって、あらかじめ都道府県労働局長の許可を得た場合に限り、製造等の禁止に該当する物質の製造・輸入・使用が認められるとの例外があります。この例外に当てはまらないのに、製造等の禁止に該当する物質の製造等を行った者に対しては、3年以下の懲役または300万円以下の罰金という罰則が設けられています（116条）。

■■ 許可を得ると製造可能な危険・有害物質

　労働者に重度の健康障害を生ずるおそれがある物質で、厚生労働大臣の許可を得た場合に製造が許可されるものを「製造許可物質」といいます。労働安全衛生法56条では、「ジクロルベンジジン、ジクロルベンジジンを含有する製剤その他の労働者に重度の健康障害を生ずるおそれのある物で、政令で定めるもの」としており、これらを製造しようとする者は、あらかじめ厚生労働大臣の許可を受けなければなりません。

　製造許可物質は、次ページ図の「製造の許可（施行令17条、別表第3第1号）」に列挙されているものです。ここで列挙されている物質は、試験研究目的以外であっても、許可を得ることで製造が可能になります。

■■ 表示義務と表示方法

　有害物質を取り扱う際の事故を防止するためにも、その物質に関する情報を正確に伝達または受け取ることはとても重要です。そのため、労働安全衛生法57条では、①労働者に危険・健康障害を生ずるおそれのある物質や、②前述した「製造の許可」の対象となる危険・有害物質を、容器に入れるか、または包装して譲渡・提供する者は、名称や人体に及ぼす作用などを表示しなければならないと規定されています。

　具体的には、以下の@〜@の表示事項を容器または包装に表示する義務があります。上記の①②に該当して表示義務の対象となる物質については、労働安全衛生法施行令18条などで細かく規定されています。

@　名称（「成分」は表示義務事項から除外されています）

@　人体に及ぼす作用

@　貯蔵または取扱上の注意

@　表示をする者の氏名・住所・電話番号

@　労働者に注意を喚起するための標章（絵表示）

@　注意喚起語

@　安定性および反応性

この表示義務は、危険性に関する情報を明確に表示し、譲渡・提供を受けた者が適切な安全措置を行えるようにするのを目的としており、該当物質を譲渡・提供する者に課せられた義務です。

表示事項の表示方法については、容器・包装に直接表示事項を印刷するか、または表示事項を印刷した票箋（ラベル）を作成して容器・包装に貼り付けることとされています。

■ 危険・有害物質 ……………………………………………………

製造等の禁止（施行令 16 条 1 項）

① 黄リンマッチ

② ベンジジンおよびその塩

③ ４-アミノジフェニルおよびその塩

④ 石綿

⑤ ４-ニトロジフェニルおよびその塩

⑥ ビス（クロロメチル）エーテル

⑦ ベーターナフチルアミンおよびその塩

⑧ ベンゼンを含有するゴムのりで、その含有するベンゼンの容量が当該ゴムのりの溶剤（希釈剤を含む）の５％を超えるもの

⑨ ②③⑤⑥⑦をその重量の１％を超えて含有し、または④をその重量の 0.1％を超えて含有する製剤その他の物

製造の許可（施行令 17 条、別表第 3 第 1 号）

① ジクロルベンジジンおよびその他の塩

② アルファ―ナフチルアミンおよびその塩

③ 塩素化ビフェニル（別名 PCB）

④ オルト―トリジンおよびその塩

⑤ ジアニシジンおよびその塩

⑥ ベリリウムおよびその化合物

⑦ ベンゾトリクロリド

⑧ ①〜⑥を重量の１％を超えて含有し、または⑦を重量の 0.5％を超えて含有する製材その他（合金にあっては、ベリリウムをその重量の３％を超えて含有するものに限る）

なお、容器・包装への直接の印刷・貼付が困難な場合は、表示事項のうち「ⓐ名称」以外の事項は、印刷した票箋を容器・包装に結びつけて表示することが可能です。

■■ 健康診断を行う必要がある

　事業者には、一定の有害業務に従事する労働者に対し、一般健康診断よりも診断項目を増加させた健康診断を行うことが義務付けられています。この健康診断を「特殊健康診断」といいます。

　労働安全衛生法施行令22条1項は、特殊健康診断を行うべき有害業務として、高圧室内作業に係る業務、電離放射線業務、特定化学物質の製造または取扱いの業務、石綿等の取扱いまたは試験研究目的のための製造の業務、鉛業務、四アルキル鉛等業務、有機溶剤の製造または取扱いの業務などを挙げています。

　特殊健康診断の実施時期と項目は、有害業務に応じて詳細が示されています。一般的な特殊健康診断の実施時期は、①有害業務に常時従事する労働者を雇い入れた時、②有害業務に配置換えした時、③6か月（または3か月）以内ごとの定期とされています。なお、令和5年4月以降、有機溶剤、特定化学物質（特別管理物質等を除く）、鉛、四アルキル鉛に関する特殊健康診断の実施頻度について、作業環境管理やばく露防止対策などが適切に実施されている場合は、③の実施頻度を「1年以内ごとの定期」に緩和できるようになりました。

　事業者は、特殊健康診断の対象となる労働者がいる場合は、上記の時期に、有害業務の内容に応じて定められた項目の検診を行わなければなりません。粉じん作業に従事する労働者に対しては、じん肺法に基づき、就業時・定期・定期外（検診でじん肺所見やその疑いがある者など）の他、離職時にも検診が必要です。

　また、有害業務のうち歯やその支持組織に有害物（塩酸・硫酸・硝酸など）のガス・蒸気・粉じんを発散する場所における業務に常時従

事する労働者には、歯科医師による健康診断（歯科健康診断）を雇入時、配置換え時、6か月以内ごとの定期に実施する必要があります。

有害業務を原因とする健康障害の中には、潜伏期間が非常に長いものがあります。事業者は、一定の特定化学物質業務または石綿業務に従事した後、他の業務に配置換えした労働者（現に使用している労働者に限る）にも、6か月以内ごとの定期に、特殊健康診断を行わなければなりません。この特殊健康診断は、労働者が過去に有害業務に従事していたことを理由とする健康診断であるため、事業者は対象労働者や過去の有害業務について確認を怠らないよう注意が必要です。

健康診断の実施義務に違反した事業者は、50万円以下の罰金に処される可能性があります。

また、都道府県労働局長が必要と認めたときは、労働衛生指導医の意見をもとに、事業者に臨時の健康診断実施を指示できます。労働衛生指導医とは、厚生労働大臣から任命された労働衛生について学識経験を有する医者です。その他、紫外線や赤外線にさらされる業務や、激しい騒音を発生する場所での業務など一定の業務について、行政指導に基づき健康診断が行われる場合もあります。

■ 特殊健康診断の種類 ・・

種類	対象となる業務
じん肺健康診断	粉じん作業
有機溶剤中毒予防健康診断	屋内作業場での有機溶剤の取扱い業務
鉛健康診断	鉛を取り扱う業務
四アルキル鉛健康診断	四アルキル鉛の製造・混入などを取り扱う業務
特定化学物質健康診断	特定化学物質を取り扱う業務（石綿を除く）
高気圧作業健康診断	高圧室内業務・潜水業務
電離放射線健康診断	エックス線などの電離放射線を受ける業務
石綿健康診断	石綿を取り扱う業務
歯科健康診断	労働安全衛生法施行令22条3項に定める業務

7 建設業における救護措置について知っておこう

建設作業現場では救護のための措置が講じられていることが必要

■■ 安全衛生上の救護措置にはどんなものがあるのか

労働安全衛生法上は、特に労働災害が発生する危険が高く、発生時には重大な被害が予想される建設業その他（以下の仕事）を行う事業者に対して、救護に関する措置がとられる場合における労働災害を防止するため、必要な措置を講ずることを義務付けています。

① ずい道等の建設の仕事で、出入り口からの距離が1000m以上となる場所での作業や、深さが50m以上となるたて杭（通路として使用するものに限られる）の掘削を伴うもの

② 圧気工法を用いた作業を行う仕事で、ゲージ圧力が0.1メガパスカル以上の状態で行うこととなるもの

■■ 爆発や火災の発生に備える

労働安全衛生法25条の2では、建設業その他上記①②の仕事の現場で、完全に予防しきれない爆発や火災などが発生した際に、労働者の救護措置の過程で労働災害が発生しないように準備を行うという観点から、以下の措置を講じておくことが規定されています。

① **救護等に必要な機械等の備付けと管理**

備え付けておくべきものは、ⓐ空気呼吸器または酸素呼吸器、ⓑメタン・硫化水素・一酸化炭素・酸素の濃度測定器、ⓒ懐中電灯などの携帯照明器具、ⓓその他労働者の救護に必要とされるものです。

② **救護等に必要な訓練（救護訓練）の実施**

訓練は1年以内ごとに1回実施することが必要であり、訓練を実施した年月日、訓練を受けた労働者の氏名、訓練の内容についての記録

は3年間保存しなければなりません。

③　救護の安全についての規程の作成

　救護組織、救護に必要な機械等の点検・整備、救護訓練の実施に関する規程などが定められている必要があります。

④　作業にかかる労働者の人数と氏名の確認

　ずい道等の内部や高圧室内において作業を行う労働者の人数と氏名が常時確認できるようになっていることが必要です。

⑤　技術的事項の管理者の選任

　①～④の措置に関する技術的事項を管理する者は「救護技術管理者」と呼ばれ、労働者の救護の安全に関し必要な権限が与えられています。ずい道等の建設の仕事または圧気工法の作業に3年以上従事し、

■ 救護措置とは ……………………………………………………………

労働安全衛生上の救護措置

救護等に必要な機械等の備付・管理
　①空気呼吸器・酸素呼吸器
　②メタン・硫化水素・一酸化炭素・酸素濃度測定のため
　　必要な測定器具（発生のおそれがない時は不要）
　③携帯用照明器具（懐中電灯など）
　④その他労働者の救護に関し必要な機械等

救護訓練の実施
　①年に一度の実施
　②訓練日・労働者名・内容の記録は3年保存

救護の安全規程作成
　救護組織、点検・整備、訓練実施の定めなど

作業労働者の人数・氏名確認
　ずい道等の内部や高圧室内作業の労働者数・その氏名

技術的事項の管理者の選任
　救護技術管理者を定める

厚生労働大臣の定める研修を修了した者が救護技術管理者として選任される資格を持ちます。

これらの規定に対する違反には罰則があり、①〜④について違反すると6か月以下の懲役または50万円以下の罰金、⑤について違反すると50万円以下の罰金となります。

■■ 救護技術管理者への権限付与

救護技術管理者とは、救護に関する技術的事項を管理する技術者のことで、その事業場に専属の者が務めます。事業者は、救護技術がいざという時に役立つように、救護技術管理者に対して労働者の救護の安全に関し必要な権限を付与しなければなりません。それにより救護技術管理者は、専門的見地から会社の救護設備に対する欠陥点を改善し、必要な器具の購入予算請求などを行うことが可能になります。

また、事業者に対して救護の安全について必要な知識や技術を持った者に権限の付与を義務付けることで、事故発生率が高い建設業の現場において、事故発生時の労働者の救護に際して救護技術管理者の立場の独立性を守ることが可能になります。

■■ 熱中症の予防対策にはどんなものがあるのか

熱中症とは、体温が上がり体内の水分と塩分のバランスが崩れることで発症するめまい・失神・嘔吐・痙攣などの健康障害全般のことを指し、主に高温多湿な環境下で発症します。近年は夏場の気温が上昇する傾向にあり、熱中症になる危険が叫ばれています。

職場における熱中症での死傷病者数も年々増加しており、職種では建設業が一番多く発生しています。

特に高温多湿となる場合が多い建設業の現場では、労働者の命にかかわる事態になりかねないため、熱中症にならないような対策を講じることが求められます。職場の熱中症予防については、厚生労働省の「職

場における熱中症予防基本対策要綱の策定について」（令和３年４月20日基発0420第３号）という通達に対策が示されています。この通達で熱中症対策として用いられているのが「WBGT値（暑さ指数）」です。

　WBGT値はWBGT＝Wet-Bulb Globe Temperatureの略で、熱中症を予防するために発表されている指標のことです。熱収支（人の身体と外気との熱気の出入り）に大きく影響される①湿度、②日射などの周囲の熱環境状況、③気温、を取り入れた上で示されています。

　WBGT値は熱によるストレスを示す指数で、これが高いほど（特にWBGT値が28を超えると）熱中症を引き起こす危険が増すため、熱中症対策としてはWBGT値を引き下げることが重要になります。

　WBGT値を測定し、またWBGT予測値を確認しておくことで、必要な措置等の参考にすることができます。特に、実際の測定値がWBGT予測値を上回るような事態においては、急遽作業時間の見直し等を行うなど臨時的な対応が必要といえるでしょう。

　熱中症は真夏によく発症するイメージですが、実は春先も危険な時期とされています。時期的に「まだ大丈夫」という安心感があるため、気がついたときには脱水症状を起こしていた、という事態も少なくありません。そのため、事業者は春先のうちから、熱中症に対する措置を講じることが求められています。

　特に事業者に要求される措置としては、作業管理と労働者の健康管理が挙げられます。作業管理としては、①休憩時間等の確保、作業時間の短縮などをして身体に負担が大きい作業を避ける、②計画的に作業環境における熱への順化期間（熱に慣れ適応するために必要な期間）を設ける、③水分・塩分の作業前後・作業中の定期的な摂取の徹底を図る、などの配慮が求められています。

　そして、健康管理としては、健康診断の実施や医師等の意見の聴取、労働者に対する熱中症予防に関する労働衛生教育などを行う必要があります。

建設業における災害防止対策について知っておこう

建設業では災害防止のために必要な調査や届出、審査が行われる

■■ リスクアセスメントを導入し、結果に基づく措置を講じる

リスクアセスメントとは、事業場の危険性または有害性を見つけ出し、これを低減するための手法のことです。労働安全衛生法28条の2では、危険性または有害性等の調査およびその結果に基づく措置として、建設業などの事業場の事業者に対して、リスクアセスメントとその結果に基づく措置の実施に取り組むよう努めることを求めています。

リスクアセスメントを実施する際には、前提として、建設業特有の事業性を踏まえなければなりません。具体的には、建設業には、①所属の違う労働者が同じ場所で作業をして、複数かつ何層にもわたる複雑な下請け構造をもつこと、②短期間に作業内容が変化する可能性があること、などの特徴があります。労働安全衛生関係の法令を遵守することはもちろん、現場の元方事業者（元請事業者）が統括管理を行い、関係請負人（下請負人）各々が自主的に安全衛生活動を行い、そして本店や支店が安全衛生指導を行い、関係団体や行政が一体となって総合的な労災防止対策を行っていく必要があります。

リスクアセスメントの実施については、厚生労働省の公示である「危険性又は有害性等の調査等に関する指針」（平成18年3月10日危険性又は有害性等の調査等に関する指針公示第1号）は、①労働者の就業に係る危険性または有害性の特定、②特定された危険性または有害性ごとのリスクの見積り、③見積りに基づくリスクを低減するための優先度の設定とリスク低減措置の検討、④優先度に対応したリスク低減措置の実施という手順を示しています。

リスクアセスメントを実施する際には、次ページ図のように、安全

衛生管理の担当者が役割を果たすことになります。

　また、リスクアセスメントの実施に際し、事業者が作業標準・作業手順書・仕様書などの資料を入手し、その情報を活用するとともに、①洗い出した作業、②特定した危険性または有害性、③見積もったリスク、④設定したリスク低減措置の優先度、⑤実施したリスク低減措置の内容を記録することを示しています。

■■ 工事計画の届出と審査

　労働安全衛生法88条1項～3項では、事業者に対し、一定規模以上の建設工事などを行う事業者に対して、工事開始日の14日前または30日前に、所轄労働基準監督署長または厚生労働大臣に届け出ることを義務付けています。事前届出があった工事のうち、高度の技術的検討を要するものについては審査が行われ（89条1項）、法令違反があった場合には工事の差止めや計画変更の命令がなされます（88条6項）。これは計画段階で行われる災害防止のための措置です。

■ リスクアセスメントの実施体制と役割 ……………………………………

総括安全衛生管理者	➡ 調査の実施を統括管理する
安全管理者・衛生管理者	➡ 調査の実施を管理する
安全衛生委員会・安全委員会・衛生委員会	➡ 調査を実施する上で労働者に関与してもらうようにする
職　長	➡ 危険性・有害性の特定、リスクの見積り、リスク低減措置の検討を行ってもらうように努める
機械設備の専門家	➡ 機械設備などに関する調査の実施にあたり、参画させるように努める

※事業者は調査を実施する者に対して必要な教育を実施する

9 機械等の安全確保のための規制について知っておこう

取扱いに高い危険が伴う機械は、検査を受けなければ使用できない

■■ 特定機械等とは

　労働安全衛生法では、下記の8種類の機械等を「特定機械等」と規定し、労働災害を防止するための規制を定めています。

①　ボイラー（小型ボイラー等を除く）

②　第一種圧力容器（小型圧力容器等を除く）

③　つり上げ荷重が3t以上（スタッカー式は1t以上）のクレーン

④　つり上げ荷重が3t以上の移動式クレーン

⑤　つり上げ荷重が2t以上のデリック

⑥　積載荷重が1t以上のエレベーター

⑦　ガイドレール（昇降路）の高さが18m以上の建設用リフト（積載荷重が0.25t未満のものを除く）

⑧　ゴンドラ

■■ 機械等の安全確保についての法律の規制がある

　特定機械等は、業務において特に危険とされる作業に用いられる機械等であるため、これらが正常に動作しなかった場合には非常に重大な労働災害を引き起こすおそれがあります。

　そのため、特定機械等を製造する際は、不良品による事故が発生しないように都道府県労働局長の許可を受けることが必要とされています。

　さらに、一度は使用を廃止した特定機械等を再び使用することになった場合も、安全を守るために都道府県労働局長の行う検査を受けることが義務付けられています。特定機械等を設置した場合や何らかの変更を加えた場合、使用を休止していた特定機械等を再び使用し始

める際には、労働基準監督署長の行う検査を受けなければ使用することができません。

■■ 検査証の必要性

　検査に合格した特定機械等には「検査証」が交付されます。この検査証がない場合は、特定機械等を使用することができない他、その譲渡・貸与をすることもできません。また、一度は使用を廃止した特定機械等を再び使用する場合には検査証に裏書をします。この検査証には有効期間があり、有効期間を更新するためには登録性能検査機関が行う性能検査を受ける必要があります。その上で、特定機械等の場合は事業主が自ら点検を行うことが求められています。有効期間は、特定期間によって異なります。

　なお、特定機械等以外にも、定期的に自主検査をすることが規定されている機械等があり、それらの中でも一定の機械等については、有資格者または登録検査業者に検査（特定自主検査）を実施させることが必要とされています。

■ 特定機械等の規制内容 ……………………………………………………

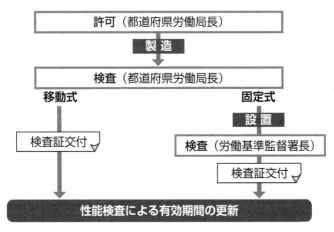

建設用リフトやゴンドラの扱いも注意する必要がある

■■ 車両用建設機械を使用した作業の安全を確保するための措置

　車両系建設機械とは、主として以下のものを指します（労働安全衛生法施行令別表第7）。

① 整地、運搬、積込み用機械としてのブル・ドーザー、モーター・グレーダー、トラクター・ショベル、ずり積機、スクレーパー

② 掘削用機械としてのパワー・ショベル、ドラグ・ショベル、ドラグライン、クラムシェル、バケット掘削機、トレンチャー

③ 基礎工事用機械としてのくい打機、くい抜機、アース・ドリル

④ 締固め用機械としてのローラー

⑤ コンクリート打設用機械としてのコンクリートポンプ車

⑥ 解体用機械としてのブレーカ

　車両用建設機械を使用する場合において、作業の安全を確保するために事業者が講ずべき措置については、主として労働安全衛生規則で規定されています。

　車両系建設機械には、前照灯を備える必要があります。ただし、作業を安全に行うための照度が保持されている場所では、前照灯を備える必要はありません（労働安全衛生規則152条）。

　また、岩石の落下等により労働者に危険が生ずるおそれのある場所で車両系建設機械（ブル・ドーザー、トラクター・ショベル、ずり積機、パワー・ショベル、ドラグ・ショベル、解体用機械に限る）を使用する際には、その車両系建設機械に堅固なヘッドガードを備えなければなりません（労働安全衛生規則153条）。

　車両系建設機械を使って作業を行う際には、その車両系建設機械の

転落、地山の崩壊等による労働者の危険を防止するために、当該作業を行う場所の地形、地質の状態を調査し、その結果を記録しておく必要があります（労働安全衛生規則154条）。

　事業者は、車両系建設機械を用いて作業を行う場合には、事前に上述の調査により知り得たところに適応する作業計画を定め、作業計画に従って作業を行わなければなりません。作業計画には、①使用する車両系建設機械の種類・能力、②車両系建設機械の運行経路、③車両系建設機械による作業の方法を示し、事業者は、その作業計画を労働者に対して周知しなければなりません（労働安全衛生規則155条）。さらに、車両系建設機械を使って作業を行うときは、乗車席以外の箇所に労働者を乗せてはいけません（労働安全衛生規則162条）。

■■ くい打ち機を使用した作業の安全を確保するための措置

　動力を用いるくい打機やくい抜機（不特定の場所に自走できるものを除く）、ボーリングマシンの機体・附属装置・附属品については、労働者の安全を守るため、使用の目的に適応した必要な強度を有し、著しい損傷・摩耗・変形・腐食のないものでなければ、使用することができません（労働安全衛生規則172条）。

　また、動力を用いるくい打機やくい抜機、ボーリングマシンについては、倒壊を防止するため、労働安全衛生規則173条により定められた以下のような措置を講じる必要があります。

①軟弱な地盤への据付時は、脚部・架台の沈下防止のため、敷板、敷角を使用する、②施設や仮設物等への据付時は、耐力確認の上、不足時は補強する、③脚部・架台が滑動するおそれがある場合、くい・くさびで固定させる、④くい打機・くい抜機・ボーリングマシンは、不意の移動を防ぐため、レールクランプ、歯止めで固定させる、⑤控え（控線を含む）のみで頂部を安定させる場

合、その数を3以上とし、末端は堅固な控えぐいや鉄骨に固定させる、⑥控線のみで頂部を安定させる場合、控線の等間隔配置や数を増やす方法で安定させる、⑦バランスウエイトで安定させる場合、移動を防止するため、架台に確実に取り付ける

■■ 玉掛け作業の安全を確保するための措置

　クレーン、移動式クレーン、デリックの玉掛用具について、ワイヤロープの安全係数（安全に使用できる限度や基準などを示す数値）は6以上、フック、シャックルの安全係数は5以上と定められています（クレーン等安全規則213条、214条）。ワイヤロープ、つりチェーンなどの器具を用いて玉掛け作業を行うときは、その日の作業を開始する前に当該器具の異常の有無について点検を行い、異常を発見した場合には直ちに補修する必要があります（クレーン等安全規則220条）。

■■ 移動式クレーンを使用する作業の安全を確保するための措置

　移動式クレーンを使って作業を行う場合には、当該移動式クレーンに、その移動式クレーン検査証を備え付けておかなければなりません（クレーン等安全規則63条）。また、移動式クレーンは、厚生労働大臣が定める基準（移動式クレーンの構造に関係する部分に限ります）に適合するものであることが必要です（クレーン等安全規則64条）。

　移動式クレーンを使用する際には、当該移動式クレーンの構造部分を構成する鋼材等の変形、折損等を防止するため、当該移動式クレーンの設計の基準とされた負荷条件に留意します（クレーン等安全規則64条の2）。また、移動式クレーンの巻過防止装置については、フック、グラブバケット等のつり具の上面または当該つり具の巻上げ用シーブの上面と、ジブの先端のシーブその他当該上面が接触するおそれのある物（傾斜したジブを除きます）の下面との間隔が0.25m以上

（直働式の巻過防止装置では、0.05m以上）となるように調整しておかなければなりません（クレーン等安全規則65条）。

　移動式クレーンを使って作業を行う際には、移動式クレーンの転倒等による労働者の危険を防止するため、あらかじめ、作業に必要な場所の広さ、地形や地質の状態、運搬しようとする荷の重量、使用する移動式クレーンの種類・能力等を考慮して、以下の事項を定める必要があります（クレーン等安全規則66条の2）。

・移動式クレーンによる作業の方法
・移動式クレーンの転倒を防止するための方法
・移動式クレーンによる作業に係る労働者の配置・指揮の系統

■■ エレベーターを使用する作業の安全を確保するための措置

　エレベーターの使用については、クレーン等安全規則147条〜150条において、事業者が講ずべき安全確保のための具体的な措置が定められています。たとえば、エレベーターを使って作業を行う際は、作業場所にエレベーター検査証を備え付ける必要があります。また、厚生労働大臣の定める基準（エレベーターの構造部分に限ります）に適合していないエレベーターを使用することはできません。エレベーターのファイナルリミットスイッチ、非常止めその他の安全装置が有効に作用するような調整を行うことも必要とされています。さらに、エレベーターにその積載荷重を超える荷重をかけて使用することが禁止されています。

■■ 建設用リフトを使用する作業の安全を確保するための措置

　建設用リフトの使用については、クレーン等安全規則180条〜184条において、事業者が講ずべき安全確保のための具体的な措置が定められています。たとえば、建設用リフトを使って作業を行う際は、作業場所に建設用リフト検査証を備え付ける必要があります。また、厚生労働大臣の定める基準（建設用リフトの構造部分に限ります）に適

合しない建設用リフトは使用できません。さらに、巻上げ用ワイヤロープに標識を付すること、警報装置を設けることなど、巻上げ用ワイヤロープの巻過ぎによる労働者の危険を防止するための措置や、積載荷重をこえる荷重をかけて使用しないことも必要です。

■■ ゴンドラを使用する作業の安全を確保するための措置

ゴンドラを使用する作業の安全確保のための措置は、ゴンドラ安全規則13条〜22条に定められています。たとえば、ゴンドラにその積載荷重を超える荷重をかけての使用は禁止されています。また、ゴンドラの作業床の上で、脚立、はしご等を使用して労働者に作業させることも禁止されています。ゴンドラを使用して作業を行うときは、ゴンドラの操作について一定の合図を定め、合図を行う者を指名した上で合図を行わせる必要があります。

そして、ゴンドラの作業床で作業を行う労働者には、要求性能墜落制止用器具等を使用させなければなりません。強風、大雨、大雪等の悪天候のため、ゴンドラを使用する作業の実施について危険が生じる可能性がある場合には、当該作業を行ってはいけません。

■ ゴンドラ使用時の作業開始前点検 ……………………………………

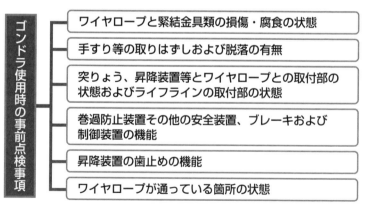

ゴンドラ使用時の事前点検事項

- ワイヤロープと緊結金具類の損傷・腐食の状態
- 手すり等の取りはずしおよび脱落の有無
- 突りょう、昇降装置等とワイヤロープとの取付部の状態およびライフラインの取付部の状態
- 巻過防止装置その他の安全装置、ブレーキおよび制御装置の機能
- 昇降装置の歯止めの機能
- ワイヤロープが通っている箇所の状態

11

作業環境を確保するための必要な措置について知っておこう

労働者の安全を確保するための措置を講じる必要がある

■■ 掘削工事の安全を確保するための措置

　事業者は、地山の掘削の作業を行う際に、地山の崩壊、埋設物の損壊等により労働者に危険を及ぼす可能性がある場合には、あらかじめ、作業箇所とその周辺の地山について以下の事項を調査し、掘削の時期と順序を定めて作業を行う必要があります（労働安全衛生規則355条）。

① 　形状・地質・地層の状態

② 　き裂・含水・湧水・凍結の有無および状態

③ 　埋設物等の有無および状態

④ 　高温のガス・蒸気の有無および状態

　事業者は、手掘りにより地山の掘削作業を行う場合には、掘削面のこう配について、規定された基準を遵守しなければなりません（労働安全衛生規則356条）。たとえば、掘削面の高さが5m未満の岩盤または堅い粘土からなる地山では、掘削面のこう配は90度以下でなければなりません。

　また、掘削面の高さが2m以上となる地山の掘削作業を行う場合には、「地山の掘削及び土止め支保工作業主任者技能講習」を修了した者のうちから、地山の掘削作業主任者を選任する必要があります（労働安全衛生規則359条）。

　選任された地山の掘削作業主任者は、主に次の3つの業務を担当します（労働安全衛生規則360条）。

① 　作業の方法を決定し、作業を直接指揮すること

② 　器具と工具を点検し、不良品を取り除くこと

③ 　要求性能墜落制止用器具等と保護帽の使用状況を監視すること

なお、明り掘削（坑外で行われる掘削作業のこと）の作業を行う場合、掘削機械・積込機械・運搬機械の使用によるガス導管、地中電線路その他地下に存在する工作物の損壊によって、労働者に危険が及ぶ可能性がある場合には、これらの機械を使用してはいけません（労働安全衛生規則363条）。

　明り掘削の作業を行う場合には、あらかじめ、運搬機械等（車両系建設機械と車両系荷役運搬機械等を除いた運搬機械・掘削機械・積込機械）の運行の経路と、これらの機械の土石の積卸し場所への出入の方法を定めて、これを関係労働者に周知させる必要があります（労働安全衛生規則364条）。また、明り掘削の作業を行う場合において、運搬機械等が、労働者の作業箇所に後進して接近するとき、または転落するおそれがあるときは、誘導者を配置して、誘導者にこれらの機械を誘導させなければなりません（労働安全衛生規則365条）。

■■ 足場の組立ての安全を確保するための措置

　事業者は、つり足場、張出し足場または高さが２ｍ以上の構造の足場について、その組立て、解体または変更の作業を行う際には、以下の措置を講じる必要があります（労働安全衛生規則564条）。

① 組立て・解体・変更の時期・範囲・順序を当該作業に従事する労働者に周知させること

② 組立て・解体・変更の作業を行う区域内には、関係労働者以外の労働者の立入りを禁止すること

③ 強風、大雨、大雪等の悪天候のため、作業の実施について危険がある場合には、作業を中止すること

④ 足場材の緊結、取り外し、受渡し等の作業にあっては、幅40cm以上の作業床を設け、労働者に要求性能墜落制止用器具を使用させるなど、墜落による労働者の危険を防止する措置を講ずること

⑤ 材料、器具、工具等を上げ、または下ろすときは、つり綱、つり

袋等を労働者に使用させること

　また、つり足場等（ゴンドラのつり足場を除くつり足場、張出し足場、高さ５ｍ以上の構造の足場）の組立て・解体・変更の作業を行う場合には、事業者は「足場の組立て等作業主任者技能講習」を修了した者のうちから、足場の組立て等作業主任者を選任した上で（労働安全衛生規則565条）、その選任した足場の組立て等作業主任者に対して、以下の事項を行わせる必要があります。ただし、解体作業の際は、①の事項を行わせる必要はありません（労働安全衛生規則566条）。

①　材料の欠点の有無を点検し、不良品を取り除くこと

②　器具・工具・要求性能墜落制止用器具・保護帽の機能を点検し、不良品を取り除くこと

③　作業の方法と労働者の配置を決定し、作業の進行状況を監視すること

④　要求性能墜落制止用器具と保護帽の使用状況を監視すること

　事業者は、足場やつり足場における、その日の作業開始前に、安全状態を点検し、異常がある場合には、直ちに補修しなければなりません（労働安全衛生規則567条１項、568条）。

■■■ 高所作業車を使用する作業の安全を確保するための措置

　事業者は、高所作業車（運行の用に供するものを除きます）については、前照灯と尾灯を備えなければなりません。ただし、走行の作業を安全に行うため必要な照度が確保されている場所では、その必要はありません（労働安全衛生規則194条の８）。

　また、高所作業車を用いて作業（道路上の走行の作業を除きます）を行うときは、当該作業を行う場所の状況や当該高所作業車の種類・能力等に適応する作業計画を定めた上で、当該作業計画により作業を行う必要があります（労働安全衛生規則194条の９）。

　さらに、高所作業車の運転者が走行のための運転位置から離れる場

合（作業床に労働者が乗って作業を行う場合を除きます）には、当該運転者に以下の措置を講じさせる必要があります（労働安全衛生規則194条の13）。

① 作業床を最低降下位置に置くこと

② 原動機を止め、かつ、停止の状態を保持するためのブレーキを確実にかけるなどの高所作業車の逸走を防止する措置を講ずること

そして、高所作業車（作業床において走行の操作をする構造のものを除きます）を走行させる際には、高所作業車の作業床に労働者を乗せてはいけません。ただし、平坦で堅固な場所において高所作業車を走行させる場合の例外措置が設けられています。具体的には、以下の措置を講じた際は、労働者を乗せることができます（労働安全衛生規則194条の20）。

① 誘導者を配置し、その者に高所作業車を誘導させること

② 一定の合図を定め、誘導者に合図を行わせること

③ あらかじめ作業時における高所作業車の作業床の高さとブームの長さ等に応じた高所作業車の適正な制限速度を定め、それにより運転者に運転させること

■■ 2m以上の高所からの墜落による危険を防止するための措置

事業者は、高さが2m以上の箇所（作業床の端・開口部等を除きます）で作業を行う場合で、墜落により労働者に危険が生じる可能性がある際は、足場を組み立てるなどの方法により作業床を設けなければなりません。作業床の設置が難しい場合は防網を張り、労働者に要求性能墜落制止用器具を使用させるなど、墜落による危険を防止するための措置を講じる必要があります（労働安全衛生規則518条）。

高さが2m以上の箇所で作業を行う場合で、労働者が要求性能墜落制止用器具等を使用する際には、要求性能墜落制止用器具等を安全に取り付けるための設備等を設ける必要があります。労働者が要求性能

墜落制止用器具等を使用する際には、要求性能墜落制止用器具等やその取付け設備等の異常の有無を、随時点検しなければなりません（労働安全衛生規則521条）。また、強風、大雨、大雪等の悪天候のため、当該作業の実施について危険が予想される場合には、当該作業に労働者を従事させてはいけません（労働安全衛生規則522条）。

■■ 作業構台の作業の安全を確保するための措置

　事業者は、仮設の支柱や作業床等により構成され、材料や仮設機材の集積・建設機械等の設置・移動を目的とする高さが2m以上の設備で、建設工事に使用するもの（作業構台）の材料には、著しい損傷・変形・腐食のあるものを使用してはいけません（労働安全衛生規則575条の2）。

　作業構台を組み立てる際には、組立図を作成し、その組立図に従って組み立てなければなりません。また、この組立図は、支柱・作業床・はり・大引き等の部材の配置や寸法が示されている必要があります（労働安全衛生規則575条の5）。

■■ 作業のための通路の安全を確保するための措置

　事業者は、作業場に通ずる場所と作業場内の通路については、労働者が安全に業務を遂行するため、安全に使用できるような通路を設ける必要があります（労働安全衛生規則540条以下）。

■■ コンクリート造の工作物の解体作業の安全を確保する措置

　事業者は、コンクリート造の工作物（その高さが5m以上であるものに限ります）の解体または破壊の作業を行う場合には、工作物の倒壊や物体の飛来・落下等による労働者の危険を防止するため、工作物の形状・き裂の有無や周囲の状況等を調査して作業計画を定め、その作業計画に基づいて作業を行う必要があります（労働安全衛生規則

517条の14)。この作業計画には、以下の事項を示すことが必要です。

① 作業の方法と順序

② 使用する機械等の種類と能力

③ 控えの設置、立入禁止区域の設定その他の外壁・柱・はり等の倒壊や落下による労働者の危険を防止するための方法

上記の解体・破壊の作業において講ずべき安全措置としては、以下のものがあります（労働安全衛生規則517条の15）。

① 作業区域内の関係労働者以外の労働者の立入りを禁止する

② 強風・大雨・大雪等の悪天候で作業の実施に危険が予想される場合は作業を中止する

③ 器具・工具等を上げ下げする際には、つり綱・つり袋等を労働者に使用させる

また、事業者は、「コンクリート造の工作物の解体等作業主任者技能講習」の修了者のうちから、コンクリート造の工作物の解体等作業主任者を選任しなければなりません（労働安全衛生規則517条の17）。

■■ 橋梁の架設の作業の安全を確保するための措置

事業者は、橋梁の上部構造であって、コンクリート造のもの（その高さが5m以上であるもの、または当該上部構造のうち橋梁の支間が30m以上である部分に限ります）の架設または変更の作業を行う際には、作業計画を定め、その作業計画に従って作業を行う必要があります（労働安全衛生規則517条の20）。

その上で、上記の架設・変更の作業を行う際は、以下の措置を講じる必要があります（労働安全衛生規則517条の21）。

① 作業を行う区域内には、関係労働者以外の労働者の立入りを禁止すること

② 強風・大雨・大雪等の悪天候のため、作業の実施について危険が予想されるときは、作業を中止すること

③　材料・器具・工具類等を上げ下げする際には、つり綱・つり袋等を労働者に使用させること

④　部材・架設用設備の落下・倒壊により労働者に危険を及ぼす可能性がある場合には、控えの設置、部材・架設用設備の座屈・変形の防止のための補強材の取付け等の措置を講ずること

　また、事業者は、「コンクリート橋架設等作業主任者技能講習」の修了者のうちから、コンクリート橋架設等作業主任者を選任しなければなりません（労働安全衛生規則517条の22）。

■■型わく支保工の作業の安全を確保するための措置

　事業者は、型わく支保工（支柱・はり・つなぎなどの部材により構成され、建設物におけるコンクリートの打設に用いる型枠を支持する仮設の設備のこと）の材料については、著しい損傷・変形・腐食があるものを使用してはいけません（労働安全衛生規則237条）。型わく支保工に使用する支柱・はり・はりの支持物の主要な部分の鋼材には、所定の日本産業規格・日本工業規格に適合するものを使用する必要があります（労働安全衛生規則238条）。型わく支保工については、型わくの形状、コンクリートの打設の方法等に応じた堅固な構造のものでなければ、使用してはいけません（労働安全衛生規則239条）。

　型わく支保工を組み立てるときは、組立図を作成し、その組立図に従って組み立てる必要があります。組立図は、支柱・はり・つなぎ・筋かい等の部材の配置・接合の方法・寸法が示されているものでなければなりません（労働安全衛生規則240条）。

　また、事業者は、型わく支保工については、支柱の沈下や支柱の脚部の滑動などを防止するための措置を講じる義務を負います（労働安全衛生規則242条）。そして、「型枠支保工の組立て等作業主任者技能講習」の修了者のうちから、型枠支保工の組立て等作業主任者を選任しなければなりません（労働安全衛生規則246条）。

12

ずい道における危険防止措置について知っておこう

落盤、地山崩壊、爆発、火災などの危険に備える

■■■ 落盤や地山崩壊などを防止するためには

　ずい道等（ずい道（トンネル）、たて坑以外の抗のこと）の建設の作業は、ずい道等に特有の危険をはらんでいるため、その対策を中心とする安全確保の措置が必須です。ずい道等の建設工事には、落盤や出入口付近の地山の崩壊といった特有の危険があります。

　そのため、事業者は、落盤防止措置としてずい道支保工を設けなければならないこと、ロックボルトを施すなどの防止措置を講じなければなりません（労働安全衛生規則384条）。

　また、ずい道等の出入り口付近の地山の崩壊等による危険の防止措置として、土止め支保工（土砂崩れなどを未然に防ぐための仮設構造物）を設けなければならないとともに、防護網を張るなどの危険防止措置を講じなければなりません（労働安全衛生規則385条）。さらに、浮石の落下、落盤、肌落ちにより労働者に危険を及ぼすおそれがある場所には、関係労働者以外の労働者を立ち入らせないようにする他（労働安全衛生規則386条）、運搬機械等の運行経路の周知、誘導者の配置、保護帽の着用、照度の保持についても定めています（労働安全衛生規則388条）。

■■■ 爆発や火災などを予防するためには

　ずい道等の内部における工事には閉塞性があり、換気が悪いという特殊性があります。そのため、万が一の事故の際、被害を拡大させる場合があります。その代表例は、爆発や火災による事故です。ずい道等の内部は、爆発の衝撃、火炎、煙といった有害なものからの逃げ場

がほとんどありません。そのため、事業者に対して適切な安全確保措置をとることを義務付けています。

　まず、ずい道等の建設の作業を行う場合において、可燃性ガスが発生するおそれがあるときは、定期的に可燃性ガスの濃度測定および記録を行わなければなりません（労働安全衛生規則382条の２）。

　次に、可燃性ガスの発生が認められる場合には、自動警報装置の設置も必要です。自動警報装置は、検知部周辺で作業を行っている労働者に対し、可燃性ガス濃度の異常な上昇を速やかに知らせることのできる構造としなければなりません。そして、作業開始前に必ず自動警報装置を点検し、異常があれば直ちに補修する必要があります（労働安全衛生規則382条の３）。

　その他、火災や爆発などの事態に備え、警報装置が作動した場合にとるべき措置の策定と周知、火気を使用する場合における防火担当者の指名、消火設備の設置と使用方法・設置場所の周知などの対策も必要です（労働安全衛生規則389条の２〜389条の５）。そして、ずい道等の内部の視界を保持するため、換気を行い、水をまくなどの必要な措置を講じる必要もあります（労働安全衛生規則387条）。

■ 落盤・地山崩壊の防止措置 ………………………………………………

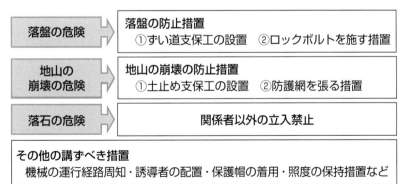

13 危険物の取扱い方法についておさえておこう

労働者を守るため、危険物質の取扱いについては規制がある

■■ 法律上どんな規制があるのか

製造や建築の場では、様々な化学物資が用いられます。その中には、健康に重大な被害を与える危険物も含まれています。危険物に対して適切な措置を取らないと、労働者が作業を継続できなくなる可能性があり、労働者の生命に関わる事態も生じかねません。

労働安全衛生法では、こういった危険物に対して製造や使用などを禁止する規定や、危険物が含まれていることの表示を義務付ける規定を設けています。さらに、労働安全衛生規則では、危険物質の製造や取扱いをする作業を行うには、作業指揮者を定め、その作業指揮者の指揮の下に作業を行うことが規定されています。

作業指揮者は、危険物の製造や取扱いを行う設備等や場所、危険物を取り扱っている状況などを随時点検しなければなりません。点検の結果、異常が認められたときには直ちに必要な措置を講じ、講じた措置について記録することも作業指揮者に求められています。その他の業務として、消防設備などの設置場所や使用方法を他の労働者へ周知することや、保護具の使用、作業手順の遵守など作業状況の監視、作業終了後の火元確認があります（労働安全衛生規則257条）。

■■ 危険物の製造や取扱いについての措置

危険物の製造や取扱いについては、主に以下のような規制があります。

① 製造・輸入・譲渡・提供・使用のすべての禁止（55条）

労働者の健康に重大な被害を与える危険があるとして、最も厳しく規定されているのは、黄りんマッチ、ベンジジンおよびその塩、石綿

などで、製造・輸入・譲渡・提供・使用のすべてが禁止されています。この禁止規定に違反した場合には、3年以下の懲役または300万円以下の罰金という重い刑罰を受けることがあります。

　ただし、次のケースに該当する場合は、例外として製造・輸入・使用などがそれぞれ認められています。

ⓐ都道府県労働局長の許可をあらかじめ得た上で「試験研究のため」に製造・輸入・使用する場合

ⓑ厚生労働大臣が定める基準に従って製造・使用する場合

　なお、ⓑの厚生労働大臣が定める基準とは「労働安全衛生規則第273条の3第1項および別表第7の3の項の規定に基づき厚生労働大臣が定める基準」のことです。たとえば、黄りんは20kg、マグネシウム粉は100kgなど、物質ごとに危険性に応じて定められています。

②　許可を得ることで製造が可能（56条）

　製造自体は認められているものの、厚生労働大臣の許可を得ることが必要とされている危険物質もあります。具体的には、ジクロルベンジジンやジクロルベンジジンを含有する製剤などで、他にどのような危険物質が該当するかは政令（労働安全衛生法施行令17条）によって

■ 危険物に対する規制 ……………………………………………

爆発性の物	みだりに、火気など点火源となるおそれのあるものに接近・加熱・摩擦・衝撃付与をしない
発火性の物	それぞれの種類に応じ、みだりに火気など点火源となるおそれのあるものに接近させない。酸化をうながす物や水に接触させない。加熱せず、衝撃を与えない
酸化性の物	みだりに、その分解がうながされるおそれのある物に接触・加熱・摩擦・衝撃付与をしない
引火性の物	みだりに、火気など点火源となるおそれのあるものに接近させたり、注いだりしない。蒸発させたり、加熱したりしない

規定されています。

　これらの危険物質の製造許可を得るためには、設備や作業の手順などが厚生労働大臣の定める基準を満たしていることが必要です。

③　表示の義務（57条）

　上記の製造許可が必要な物質、爆発・発火・引火のおそれがある物質、健康を害するおそれがある物質（ベンゼンなど）を他人に譲渡または提供する場合は、物質の危険性を知らせるため、容器または包装に表示をすることが必要です。

　表示すべき内容は、物質の名称、人体に及ぼす作用、貯蔵・取扱上の注意、注意喚起語などです。

　なお、主として一般消費者の生活に利用されているものは、表示義務の対象外とされます。たとえば、ⓐ医薬品医療機器等法（旧薬事法）における医薬品・医薬部外品・化粧品、ⓑ農薬取締法における農薬、ⓒ取扱い途中で固体以外に変化せず、粉状や粒状とならない製品、ⓓ密封状態で取り扱われる製品などがあります。

④　新しい化学物質を製造・輸入する際の届出（57条の4）

　既存のものでない新しい化学物質（新規化学物質）を製造または輸入する場合には、あらかじめその新規化学物質が労働者の健康に与える影響を調査すること（有害性の調査）が義務付けられています。労働者への影響を知ることで、事故が起こったときの適切な対策が可能になり、労働者の安全や健康を守ることにつながるからです。また、厚生労働大臣に新規化学物質の名称や有害性調査の結果などの届出を行う必要もあります。

⑤　危険物質を取り扱う際の禁止事項（労働安全衛生規則256条）

　製造業や建設業の現場では、業務の特性上、重大な事故を引き起こす危険性の高いものが多く取り扱われます。

　このような対象物を取り扱う際には、事業者が労働者を守るための安全に対する措置を取ることが義務付けられています。たとえば、ニ

トログリコール、トリニトロベンゼン、過酢酸、アジ化ナトリウムなど、爆発するおそれがある物は、火気などを接近させたり、加熱したり、摩擦したり、衝撃を与えたりすることが禁止されています（爆発性の物の取扱い）。

　また、発火するおそれがある物については、火気などを接近させたり、酸化を促進する物や水に触れさせたり、加熱したり、衝撃を与えることが禁止されています。具体例としては、カーバイドと呼ばれる炭化カルシウムやハイドロサルファイトと呼ばれる亜ニチオン酸ナトリウム、マグネシウム粉等が該当します（発火性の物の取扱い）。

　塩素酸カリウム、過塩素酸ナトリウム、過酸化バリウム、硝酸アンモニウムといった酸化性の物については、その物質の分解が促されるようなものに接触させたり、加熱したり、衝撃を与えることが禁止されています（酸化性の物の取扱い）。

■ 作業指揮者の職務内容 ……………………………………………

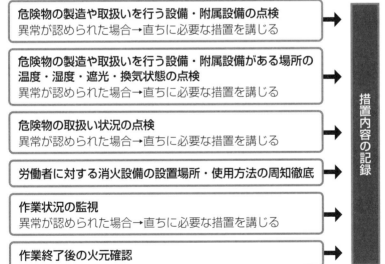

そして、ガソリンや灯油、軽油等の引火するおそれのある物に対しては、大規模な火事を引き起こす可能性があるため、火気などに接近させたり注いだりする行為や、蒸発させる行為、加熱する行為などが禁止されています（引火性の物の取扱い）。

これらの危険物を製造したり、取り扱う場合には、常に整理整頓し、可燃性の物や酸化性の物を置かないように周知徹底することが必要です。

■■化学物質による事故や健康被害を防止、低減するための方法

化学物質を譲渡、提供した場合には、SDS（安全データシート）を相手に交付する必要があります。SDSが交付されない場合には、譲渡元へ交付を求めることが必要です。なお、SDSとは、安全データシートと呼ばれ、化学物質の物理化学的性質、危険性・有害性、取扱方法、事故時の応急措置、運送上の注意、適用法令などを記載した文書です。自主的に作成する場合もありますが、特定の危険有害物質については法令により記載が義務付けられています。

また、譲渡、提供する場合には、化学物質の保存容器に絵表示などのラベルを貼り付けることとされています。事業者や労働者はラベルを見て危険有害性を確認することができます。

そして、事業者は危険有害性に応じてリスクアセスメント（144ページ）を行い、労働者はリスクアセスメントに沿って対応を実施することになります。一定の危険性、有害性のある化学物質についてはリスクアセスメントが事業者に義務付けられています。

ラベルを見て労働者が危険有害性を確認できるように、労働者に対して必要なラベル教育を実施しておくことが望まれます。

以上の「ラベル表示義務」「SDS交付義務」「リスクアセスメント実施義務」のある化学物質は、令和5年（2023年）8月現在667物質となっています。

14 安全衛生教育について知っておこう

事業者は十分な安全衛生教育を行う義務を負う

なぜ安全衛生教育をするのか

　事業場には、重大な事故につながる可能性をもつ様々な危険が潜んでいます。たとえば、作業に必要な機器類が故障している場合や乱雑に散らかっている場合、換気の設備が不十分な場合など「作業現場の環境に不備があること」がそのひとつです。一方、人体に有害な薬品を取り違えた場合や、重機の操作を誤った場合など「労働者のわずかな気の緩み、ささいな手違い、知識のなさ」が事故を引き起こす原因となるケースもあります。

　このような原因から事業場で起こる事故を防ぎ、安全な労働環境を確保するためには、機器類に十分なメンテナンスを施し、作業場の環境を整えるといったハード面の対応に加え、労働者に対して注意喚起を行う、作業に関する訓練をする、必要な知識を提供する、といったソフト面の対応が不可欠だといえるでしょう。

どんな場合に安全衛生教育が義務付けられているのか

　上記のような状況を踏まえ、労働安全衛生法では、事業者が労働者に対して一定の安全衛生教育を行わなければならないことを規定しています。事業者に対して安全衛生教育の実施を義務付けているタイミングには、様々な時期があり、主に次のような場合に行うことが義務付けられています。

① 　労働者を雇い入れたとき（59条1項）

② 　労働者の作業内容を変更したとき（59条2項）

③ 　危険または有害な業務に就かせるとき（59条3項）

④　政令で定める業種において新たに職長等の職務につくとき（60条
　　1項）

　上記の義務とはされていませんが、事業場での安全衛生の水準の向
上を図るため、危険・有害業務に従事している労働者に対する安全衛
生教育に努めることを求めています（60条の2第1項）。

　なお、労働者に対する安全衛生教育は、必ずしも当該事業者内部の
みで行わなければならないものではありません。場合によっては、各労
働災害防止団体が主催するセミナー等を受講するということも有用です。

■■ 雇入れ時や作業内容を変更したときの教育

　業務に関する知識のない労働者や、作業現場に不慣れな労働者がい
ると、事故発生の確率が高くなります。このため、事業者が新たに労
働者を雇い入れたときや、労働者の作業内容を変更したときに、以下
の安全衛生教育をする必要があります（労働安全衛生規則35条1項）。

①　機械等・原材料等の危険性・有害性および取扱方法
②　安全装置・有害物抑制装置・保護具の性能および取扱方法
③　作業手順
④　作業開始時の点検
⑤　当該業務に関して発生のおそれがある疾病の原因・予防
⑥　整理、整頓および清潔の保持
⑦　事故時等における応急措置と退避
⑧　その他当該業務に関する安全・衛生のための必要事項

　労働安全衛生法施行令2条3号に掲げる業種（98ページ図の安全管
理者を選任しなければならない業種以外の業種のこと）では、①～④
の教育を省略することができます。なお、雇入時・作業内容変更時の
教育を怠った場合、事業者には50万円以下の罰金が科せられます（120
条、122条）。特別の教育や職長等の教育などを含めた安全衛生教育を、
社外の研修や講習という形で行う場合の参加費や旅費については、事

業者の負担となります。

■■ 職長等を対象にした安全衛生教育

　労働安全衛生法60条は、一定の業種に該当する事業場で新たに職務に就くことになった職長等（職長・係長・班長など）に対し、事業者が安全衛生教育（職長教育）を行うことを義務付けています。職長教育の内容は、作業方法の決定の仕方や、労働者の配置に関すること、労働者に対する指導・監督の方法などです。

　教育時間数については、作業手順の定め方や労働者の適正な配置の方法は2時間以上、指導・教育の方法や作業中における監督・指示の方法は2.5時間以上などと細かく規定されています。職長教育の科目について十分な知識や技能を有している労働者には、当該科目の教育の省略ができます。

■■ 建設業における安全衛生責任者への安全衛生教育とは

　建設工事の現場は、巨大な重機や高所での作業、火気の取扱いなどが多く、重大事故が起こりやすい環境にあります。また、事業者ごと

■ 安全衛生教育の種類と概要 ……………………………………………

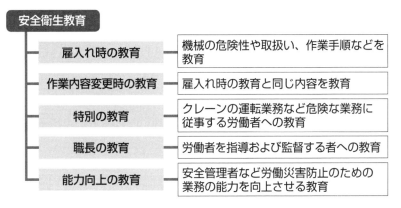

安全衛生教育

- 雇入れ時の教育 ── 機械の危険性や取扱い、作業手順などを教育
- 作業内容変更時の教育 ── 雇入れ時の教育と同じ内容を教育
- 特別の教育 ── クレーンの運転業務など危険な業務に従事する労働者への教育
- 職長の教育 ── 労働者を指導および監督する者への教育
- 能力向上の教育 ── 安全管理者など労働災害防止のための業務の能力を向上させる教育

の安全管理体制が徹底される必要があることはもちろんですが、複数の事業者が混在する現場においては、統括的な視点から安全管理体制を統一する必要があります。特に安全面を十分に確保するには現場監督など管理者の職務が非常に重要です。

　このため、厚生労働省労働基準局長より「建設業における安全衛生責任者に対する安全衛生教育の推進について」（平成13年3月26日基発第178号）という通達が出されています。この通達によると、対象者となるのは建設業において、安全衛生責任者として選任されて間もない者、新たに選任された者、将来選任される予定の者等です。

　具体的な教育内容については「職長・安全衛生責任者教育カリキュラム」によって、以下の科目が設定されています。

① 　作業方法の決定および労働者の配置（2時間）
② 　労働者に対する指導または監督の方法（2.5時間）
③ 　危険性または有害性等の調査及びその結果に基づき講ずる措置（4時間）
④ 　異常時等における措置（1.5時間）
⑤ 　その他現場監督者として行うべき労働災害防止活動（2時間）
⑥ 　安全衛生責任者の職務等（1時間）
⑦ 　統括安全衛生管理の進め方（1時間）

　また、建設工事に従事する労働者に対して十分な安全衛生教育を行うよう「建設工事に従事する労働者に対する安全衛生教育に関する指針」が建設業労働災害防止協会より発表されています。

　なお、安全衛生教育の実施主体として、事業者が安全衛生団体等に委託した場合、安全衛生団体等は、修了者に対して修了証を書面で交付するとともに、教育修了者名簿を作成・保管することが求められます。

■■ 能力向上教育とは

　作業現場に設置されている機械や薬品類等は、日々進化しています。

また、入職当時に十分な教育を受けていても、数年たつとその知識は劣化してしまう可能性があります。このため、労働安全衛生法19条の2および「労働災害の防止のための業務に従事する者に対する能力向上教育に関する指針」では、事業者が「安全管理者、衛生管理者、安全衛生推進者、衛生推進者」と「その他労働災害の防止のための業務に従事する者」（作業主任者、元方安全衛生管理者、店社安全衛生管理者、その他の安全衛生業務従事者）に対し、能力向上を図るための教育や講習等（能力向上教育）を行い、またはこれを受ける機会を与えるように努めるものとしています。

能力向上教育は原則として就業時間内に１日程度で実施されます。能力向上教育の種類には、以下のものがあります。

① 初任時教育（初めて業務に従事する際に実施）

② 定期教育（業務の従事後、概ね５年ごとに実施）

③ 随時教育（事業場において機械設備等に大幅な変更があった時に実施）

能力向上教育では、安全管理者や衛生管理者など、主に管理者を対象とした教育を行うよう求めていますが、さらに安全性を高めるためには、実際に現場で作業する労働者についても同様に能力の向上を図

■ 能力向上教育 ……………………………………………………

【対象者】
①安全管理者、②衛生管理者、③安全衛生推進者、④衛生推進者、⑤その他労働災害の防止のための業務に従事する者

能力向上を図るために必要な教育や講習

能力向上教育

初任時教育（初めて業務に従事する際に実施）

定期教育（業務の従事後、概ね５年ごとに実施）

随時教育（事業場において機械設備等に大幅な変更があった時に実施）

る必要があります。このため、労働安全衛生法60条の2では、事業者が「現に危険または有害な業務に就いている者」に対し、その従事する業務に関する安全衛生教育を行うように努めるものとしています。「危険または有害な業務に現に就いている者に対する安全衛生教育に関する指針」によると、教育内容は労働災害の動向、技術革新の進展等に対応した事項に沿うものとされており、危険・有害業務ごとにカリキュラムが示されています。

■■安全衛生教育は労働時間にあたるのか

通達（昭和47年9月18日基発第602号）では、「安全衛生教育は、労働者がその業務に従事する場合の労働災害の防止を図るため、事業者の責任において実施されなければならないものであり、安全衛生教育については所定労働時間内に行うのを原則とする」ことと、「安全衛生教育の実施に要する時間は労働時間と解されるので、当該教育が法定時間外に行われた場合には、当然割増賃金が支払われなければならない」ことが示されています。つまり、安全衛生教育にかかる時間や費用を負担するのは原則として事業者であるということです。

■ 建設業における安全衛生教育の必要性 ……………………………

重大な事故の危険性
　巨大な重機や高所での作業、火気の取扱いが多い
安全面の確保の必要性
　複数の事業者が同じ現場で作業に当たるケースが多い

建設業における安全衛生責任者に対する安全衛生教育の推進について

【教育の対象者】
　建設業での安全衛生責任者として、①選任されて間もない者、②新たに選任された者、③将来選任される予定の者
【教育の内容】
　「職長・安全衛生責任者教育カリキュラム」による

15 建設現場における特別教育について知っておこう

放射線業務に対する規制もある

■■ クレーン運転業務・移動式クレーン運転業務についての特別教育

　事業者は、つり上げ荷重が5t未満のクレーンまたはつり上げ荷重が5t以上の跨線テルハ（鉄道駅において台車を吊り上げて線路を越えて運搬するクレーンの一種のこと）の業務に労働者を就かせるときは、その労働者に対し、学科教育と実技教育で構成される特別教育（クレーンの運転の業務についての特別の教育）を行う必要があります（クレーン等安全規則21条）。

　これに対して、つり上げ荷重が5t以上のクレーン（跨線テルハを除く）の運転業務は、原則として「クレーン・デリック運転士免許」を取得した労働者に就かせることが必要です（クレーン等安全規則22条）。つまり、上記の特別教育によっては当該運転業務に就かせることができません。

　また、つり上げ荷重が1t未満の移動式クレーンの運転の業務に労働者を就かせるときは、その労働者に対し、学科教育と実技教育で構成される特別教育（移動式クレーンの運転の業務についての特別の教育）を行う必要があります（クレーン等安全規則67条）。

　これに対して、つり上げ荷重が1t以上の移動式クレーン（道路上を走行させる運転を除く）の運転業務は、原則として「移動式クレーン運転士免許」を取得した労働者に就かせることが必要です（クレーン等安全規則68条）。つまり、上記の特別教育によっては当該運転業務に就かせることができません。

　なお、事業者は、特別教育の科目の全部または一部について十分な知識・技能を有している労働者については、当該科目に関する特別教

育の省略ができる他（労働安全衛生規則37条）、特別教育の受講者・科目等の記録を作成し、3年間保存しなければなりません（労働安全衛生規則38条）。これらの点は、後述する特別教育についても同様です。

▉▉ デリックの運転業務についての特別教育

　事業者は、つり上げ荷重が5ｔ未満のデリックの運転の業務に労働者を就かせるときは、その労働者に対して、安全のための特別教育（デリックの運転の業務についての特別の教育）を行う必要があります（クレーン等安全規則107条）。具体的には、以下の教育を行います。

〔学科教育〕
・デリックに関する知識を3時間
・原動機と電気に関する知識を3時間
・デリックの運転のために必要な力学に関する知識を2時間
・関係法令を1時間
〔実技教育〕
・デリックの運転を3時間
・デリックの運転のための合図を1時間

▉▉ 建設用リフトの運転業務についての特別教育

　建設用リフトの運転の業務に労働者を就かせるときは、当該労働者に対して、安全のための特別教育（建設用リフトの運転の業務についての特別の教育）を行う必要があります（クレーン等安全規則183条）。具体的には、以下の教育を行います。

〔学科教育〕
・建設用リフトに関する知識を2時間

・建設用リフトの運転のために必要な電気に関する知識を2時間
・関係法令を1時間
〔実技教育〕
・建設用リフトの運転および点検を3時間
・建設用リフトの運転のための合図を1時間

▓▓ 玉掛けの業務についての特別教育

　事業者は、つり上げ荷重が1t未満のクレーン、移動式クレーン、デリックの玉掛けの業務に労働者を就かせるときは、その労働者に対して、安全のための特別教育（玉掛けの業務についての特別の教育）を行う必要があります（クレーン等安全規則222条）。具体的には、以下の教育を行います。

〔学科教育〕
・クレーン・移動式クレーン・デリックに関する知識を1時間
・クレーン等の玉掛けに必要な力学に関する知識を1時間

■ 安全のための特別教育が必要な業務 ……………………………

業務内容	対象者
クレーン運転業務	・つり上げ荷重が5t未満のクレーン（跨線テルハを除く）の運転の業務 ・つり上げ荷重が5t以上の跨線テルハの運転の業務
移動式クレーン運転業務	つり上げ荷重が1t未満の移動式クレーンの運転の業務
デリックの運転業務	つり上げ荷重が5t未満のデリックの運転の業務
建設用リフトの運転業務	建設用リフトの運転の業務
玉掛けの業務	つり上げ荷重が1t未満のクレーン、移動式クレーン、デリックの玉掛けの業務

・クレーン等の玉掛けの方法を2時間
・関係法令を1時間
〔実技教育〕
・クレーン等の玉掛けを3時間
・クレーン等の運転のための合図を1時間

　これに対して、つり上げ荷重が1t以上のクレーン、移動式クレーン、デリックの玉掛けの業務は、所定の資格が必要となります（クレーン等安全規則221条）。

■■ 小型ボイラーを取り扱う業務の特別教育

　ボイラーは、その規模の違いにより「ボイラー」と「小型ボイラー」に区別されています。これらの区別は労働安全衛生法施行令に規定が置かれています。

　まず、労働安全衛生法施行令1条3号が規定する「ボイラー」とは、蒸気ボイラーおよび温水ボイラーのうち、同条各号において列挙されている各種ボイラーを除外したものを指します。これに対し、労働安全衛生法施行令1条4号が規定する「小型ボイラー」とは、たとえば「ゲージ圧力0.1メガパスカル以下で使用する蒸気ボイラーで、伝熱面積が1㎡以下のもの」など、同条各号において列挙している各種ボイラーを指します。

　事業者は、小型ボイラーの取扱業務に労働者を従事させる場合には、その労働者に対して特別教育を行う必要があります。特別教育の内容は「小型ボイラー取扱業務特別教育規程」に規定されており、具体的には以下の教育を行います。

［学科教育］
・ボイラーの構造に関する知識を2時間

・ボイラーの附属品に関する知識を2時間

・燃料と燃焼に関する知識を2時間

・関係法令を1時間

［実技教育］

・小型ボイラーの運転と保守を3時間

・小型ボイラーの点検を1時間

■■■高気圧業務の特別教育

　高気圧業務には、高圧室内業務と潜水業務があります。労働者を高気圧業務に従事させる場合には、その労働者に対して特別教育（高圧室内業務についての特別教育）を行う必要があります（高気圧作業安全衛生規則11条）。これに対して、潜水業務は原則として「潜水士免許」を取得した労働者に就かせることが必要です（高気圧作業安全衛

■ 小型ボイラーとは ……………………………………………

小型ボイラーに該当するもの	ゲージ圧力0.1MPa以下で使用する蒸気ボイラーで、伝熱面積1㎡以下のもの
	ゲージ圧力0.1MPa以下で使用する蒸気ボイラーで、胴内径が300mm以下・長さ600mm以下のもの
	伝熱面積が3.5㎡以下の蒸気ボイラーで、開放内径25mm以上の蒸気管を取り付けたもの
	伝熱面積が3.5㎡以下の蒸気ボイラーで、ゲージ圧力0.05MPa以下・内径25mm以上のU形立管を蒸気部に取り付けたもの
	ゲージ圧力0.1MPa以下の温水ボイラーで、伝熱面積8㎡以下のもの
	ゲージ圧力0.2MPa以下の温水ボイラーで、伝熱面積2㎡以下のもの
	ゲージ圧力1MPa以下で使用する貫流ボイラーで、伝熱面積10㎡以下のもの

生規則12条）。つまり、上記の特別教育によっては潜水士業務に就かせることができません。

特別教育の内容については「高気圧業務特別教育規程」に規定されており、以下の教育を行います。

- ・圧気工法に関する知識を1時間
- ・圧気工法にかかる設備関する知識を1時間
- ・高気圧障害に関する知識を1時間
- ・急激な圧力低下、火災等の防止に関する知識を3時間
- ・関係法令を2時間

■■■ 放射線業務の特別教育

事業者は、加工施設等（加工施設、再処理施設、使用施設等）の管理区域内において、核燃料物質等（核燃料物質、使用済燃料またはこれらによって汚染された物）の取扱業務に労働者を就かせる場合には、その労働者に対して特別教育（加工施設等において核燃料物質等を取り扱う業務についての特別の教育）を行う必要があります（電離放射線障害防止規則52条の6）。

特別教育の内容については「核燃料物質等取扱業務特別教育規程」に規定されており、以下の教育を行います。

- ・核燃料物質等に関する知識を1時間
- ・加工施設等における作業の方法に関する知識を合計4時間30分
- ・加工施設等の設備の構造と取扱いの方法に関する知識を合計4時間30分
- ・電離放射線の生体に与える影響を30分
- ・関係法令を1時間

> ・加工施設等における作業の方法と施設の設備の取扱いに関する
> 　実技を合計 6 時間

　さらに、原子炉施設の管理区域内において、核燃料物質等を取り扱う業務に労働者を就かせる場合には、その労働者に対して以下の特別教育（原子炉施設において核燃料物質等を取り扱う業務についての特別の教育）を行う必要があります（電離放射線障害防止規則52条の 7 ）。

> ・核燃料物質等に関する知識について30分
> ・原子炉施設における作業の方法に関する知識を 1 時間30分
> ・原子炉施設の設備の構造と取扱いの方法に関する知識を 1 時間
> 　30分
> ・電離放射線の生体に与える影響を30分
> ・関係法令を 1 時間
> ・原子炉施設における作業の方法と同施設についての設備の取扱
> 　いに関する実技を 2 時間

■ 特別教育が必要とされる業務

業務内容	対象者	教育内容
高圧室内業務	圧気工法により大気圧を超える気圧下における作業室またはシャフト内部での作業に関する業務	高気圧業務特別教育規程
放射線業務	・加工施設等において核燃料物質等を取り扱う業務 ・原子炉施設において核燃料物質等を取り扱う業務	核燃料物質等取扱業務特別教育規程
酸素欠乏危険作業	第一種酸素欠乏危険作業・第二種酸素欠乏危険作業にあたる酸素欠乏危険作業にあたる業務	酸素欠乏危険作業特別教育規程

■■ 酸素欠乏危険作業の特別教育

　酸素欠乏の空気を吸入することにより酸素欠乏症が発症することを防ぐため、作業方法の確立、作業環境の整備その他必要な措置を講ずるように努める必要があります。酸素欠乏症が生じる危険性のある作業には「第一種酸素欠乏危険作業」と「第二種酸素欠乏危険作業」があります。第二種酸素欠乏危険作業とは、酸素欠乏症に加えて硫化水素中毒になるおそれもある場所における作業です。一方、第一種酸素欠乏危険作業は、第二種酸素欠乏危険作業を除いた酸素欠乏危険作業です。

　酸素欠乏危険作業に労働者を従事させる場合には、その労働者に対して特別教育（酸素欠乏危険作業の業務についての特別教育）を行う必要があります（酸素欠乏症等防止規定12条）。特別教育の内容は「酸素欠乏危険作業特別教育規程」で規定されています。

・酸素欠乏の発生の原因について、第一種酸素欠乏危険作業の場合は30分、第二種酸素欠乏危険作業の場合は1時間
・酸素欠乏症の症状について、第一種酸素欠乏危険作業の場合は30分、第二種酸素欠乏危険作業の場合は1時間
・空気呼吸器等の使用の方法について、第一種酸素欠乏危険作業の場合・第二種酸素欠乏危険作業の場合ともに1時間
・事故の場合の退避と救急蘇生の方法について、第一種酸素欠乏危険作業の場合・第二種酸素欠乏危険作業の場合ともに1時間
・その他酸素欠乏症の防止に関し必要な事項について、第一種酸素欠乏危険作業の場合は1時間、第二種酸素欠乏危険作業の場合は1時間30分

---

16 就業制限のある業務について知っておこう

重大な事故となる危険が高い業務に就くためには、免許等が必要である

就業制限のある業務とは

労働者が従事する業務の中には、クレーンやフォークリフトの運転業務、ボイラーを取り扱う業務など、重大な事故を引き起こす危険性の高いものがあります。労働安全衛生法61条・労働安全衛生法施行令20条では、これらの業務に就く労働者を制限する定めを設けています（就業制限）。どのような労働者が就業可能なのかは、業務により異なりますが、以下のように分類されます。

① 都道府県労働局長の免許を受けた者

② 登録教習機関（都道府県労働局長の登録を受けた者）が行う技能講習を修了した者

③ 厚生労働省令で定める一定の資格を持っている者

①の免許が必要な業務の代表的なものとして、クレーン運転業務があります。クレーンは動力で重い荷物をつり上げ、水平に移動させる機械です。一定のつり上げ荷重以上のクレーンによって引き起こされる事故は重大なものとなる危険性が高いため、免許を取得していない者はその業務に就くことができません。

免許取得の必要がないと認められる業務の場合は、②の技能講習を修了することで就業可能です。クレーンの運転についても比較的安全とされる床上操作式クレーンの運転業務は「床上操作式クレーン運転技能講習」、１t以上５t未満の荷物をつり上げる移動式クレーンの運転業務は「小型移動式クレーン運転技能講習」を修了することで、それらの業務に就くことができます。

なお、①～③のいずれにも該当しない者であっても、例外的な措置

があります。具体的には、職業能力開発促進法に基づく都道府県知事の認定を受けた職業訓練を修了した者が、就業制限に係る業務に就くことが認められる場合があります（労働安全衛生法61条4項）。

■ 就業制限のある業務 ………………………………………

就業制限のある業務の例

- 発破の場合におけるせん孔、装てん、結線、点火および不発の装薬、残薬の点検、処理の業務
- 制限荷重が5t以上の揚貨装置の運転の業務
- ボイラー（小型ボイラーを除く）の取扱いの業務
- つり上げ荷重が5t以上のクレーン（跨線テルハを除く）の運転の業務
- つり上げ荷重が1t以上の移動式クレーンの運転の業務 ※
- つり上げ荷重が5t以上のデリックの運転の業務
- 可燃性ガスや酸素を用いて行う金属の溶接、溶断、加熱の業務
- 最大積載量が1t以上の不整地運搬車の運転の業務 ※
- 作業床の高さが10m以上の高所作業車の運転の業務 ※

※ 道路上を走行させる業務は除きます。

免許や技能講習

- **クレーン運転業務** ─ ・クレーン・デリック運転士免許
  ・移動式クレーン運転士免許
  ・床上操作式クレーン運転技能講習修了　　など

- **ボイラー取扱業務** ─ ・ボイラー技士免許（特級・1級・2級）
  ・ボイラー取扱技能講習修了　　など

- **車両系建設機械の運転業務** ─ ・車両系建設機械（整地・運搬・積込み用および掘削用）運転技能講習修了
  ・車両系建設機械（基礎工事用）運転技能講習修了　　など

第4章

安全衛生に関する書式

■ なぜ安全衛生管理規程を作成する必要があるのか

　労働安全衛生法や労働安全衛生規則では、事業場で働く労働者の安全を確保するための措置として事業者が守るべき事項について詳細に規定しています。建設業では、高所・危険な場所での作業、重機などの機械の使用、短期間での作業内容の変化などにより、労働災害の多い業種のひとつです。そのため、他の業種よりも、労災保険の保険料率は高く設定されています。また、元請企業だけでなく下請企業などの所属が異なる労働者が同一の場所で働いており、安全衛生管理体制の徹底が難しいことも労働災害の原因となっています。

　こうした状況の中で、事業者が積極的に安全衛生管理に関わるための手段のひとつとなるのが「安全衛生管理規程」の作成です。安全衛生管理規程を作成し、これを労働者に徹底的に周知させ、順守してもらうことで、労働災害を未然に防止することができます。

　安全衛生管理規程を作成する場合、まずは事業場の安全管理体制を万全な状態に構築する必要があります。場合によっては、安全衛生委員会などの機関を定め、意見を聴くことも必要です。作業環境の維持、管理、整備はもちろんのこと、健康診断やストレスチェックも重要な事項です。健康診断には、労働者に対して定期的に実施する一般健康診断と、有害な業務に従事する労働者に対して行う特殊健康診断（139ページ）があります。一般健康診断については、ⓐ雇入時の健康診断、ⓑ定期健康診断、ⓒ深夜業など特定業務従事者の健康診断、ⓓ海外派遣労働者の健康診断、ⓔ事業に附属する食堂・炊事場における給食の業務に従事する給食労働者の検便、があります。

ストレスチェックとは、常時50人以上の労働者を雇用する事業場に対して義務付けられた制度で、定期健康診断のメンタル版です。会社側が労働者のストレス状況を把握することと、労働者側が自身のストレス状況を見直すことができる効果があります。具体的には、労働者のストレス状況を把握するため、調査票に対する回答を求めます。厚生労働省は標準的な調査票として「職業性ストレス簡易調査票」を推奨しています。

　このように、安全衛生管理規程を設けることで、万が一労働災害が発生した場合でも、日頃から事業者が労働者の安全衛生管理に配慮していたことを証明することができます。

　なお、安全衛生に関する規定は相対的必要記載事項（会社に定めを置く場合は記載しなければならない事項）に該当するため、安全衛生に関する制度を設ける場合は、その旨を必ず就業規則に記載しなければなりません。

▨ 安全衛生管理規程の内容 ………………………………………………

```
安全衛生管理規程
```

事業場における安全管理体制
◆ 安全衛生管理者・安全管理者・衛生管理者等の選任・職務
◆ 安全衛生委員会の開催・任務

事業場における安全衛生教育
◆ 教育方針や内容など

事業場における安全衛生点検
◆ 災害予防のための自主検査
◆ 定期的な巡視点検

健康診断
◆ 雇入時健康診断、定期健康診断等の実施
◆ 健診結果に応じた医師や産業医の適切な指導

安全衛生管理規程

第1章　総則

第1条（目的）　本規程は、就業規則の定めに基づき、従業員の安全と健康を確保するため、労働災害を未然に防止する対策、責任体制の明確化、危害防止基準の確立、自主的活動の促進、その他必要な事項を定め、従業員の安全衛生の管理活動を充実するとともに、快適な作業環境の形成を促進することを目的としてこれを定める。

2　従業員は、安全衛生に関する関係法令および会社の指揮命令を遵守し、会社と協力して労働災害の防止および職場環境の改善向上に努めなければならない。

第2章　安全衛生管理体制

第2条（総括安全衛生管理者）　会社は、安全および衛生に関し、各事業所にこれを統括管理する総括安全衛生管理者を選任する。職務について必要な事項は別に定める。

第3条（法定管理者等）　会社は、総括安全衛生管理者の他、安全および衛生管理を遂行するために、関係法令に基づき各事業所に法定管理者を次のとおり選任する。

(1)　安全管理者

(2)　衛生管理者　1名は専任とする

(3)　産業医

(4)　作業主任者

2　前項により選任された者は、その業務に必要な範囲に応じて安全および衛生に関する措置を講ずる権限を有する。

3　第1項により選任された者の職務について必要な事項は別に定める。

第4条（安全衛生委員会の設置）　会社は、安全衛生管理に関する重要事項を調査審議し、その向上を図るため、各事業所に安全衛生委員会を設置する。

2 安全衛生委員会の運営に関する事項は、別に定める安全衛生委員会規則による。

第3章　安全衛生教育

第5条（安全衛生教育訓練）　会社は、安全および衛生のため次の教育訓練を行う。
(1)　入社時教育訓練
(2)　一般従業員教育訓練
(3)　配置転換・作業内容変更時の教育訓練
(4)　危険有害業務就業時の特別教育訓練
(5)　管理職（管理職就任時を含む）の教育訓練
(6)　その他総括安全衛生管理者が必要と認めた教育訓練
2　前項各号の教育訓練の科目および教育訓練事項については、別に定める。
3　会社は、第1項各号に定める教育訓練の科目および教育訓練事項について、十分な知識および経験を有していると認められる者に対しては、当該科目および事項を省略することができる。

第4章　健康管理

第6条（健康診断）　会社は、従業員を対象として、採用時および毎年1回定期に健康診断を実施する。
2　会社は、法令で定められた有害業務に従事する従業員を対象として、前項に定める健康診断に加えて、特別の項目に関わる健康診断を実施する。
3　従業員は、会社の行う健康診断を拒否してはならない。但し、やむを得ない事情により会社の行う健康診断を受け得ない従業員は、所定の診断項目について他の医師による健康診断書を提出しなければならない。
4　従業員は、自身の健康状態に異常がある場合は、速やかに会社に申し出なければならない。また、必要に応じて医師等の健康管理者より指導等を受けなければならない。

5 従業員は、労働安全衛生法第66条の10の規定に基づくストレスチェックおよび面接指導の実施を求められた場合は、その指示に従うよう努めなければならない。なお、ストレスチェックおよび面接指導の詳細については、別に定める。

第7条（就業制限等） 会社は、前条の健康診断の結果またはそれ以外の事由により、従業員が業務に耐え得る健康状態でないと認める場合は、就業の禁止または制限、あるいは職務の変更を命じることがある。

第8条（健康管理手帳提示の義務） 健康管理手帳の所有者は、入社に際し、それを提示しなければならない。

第5章 その他

第9条（危険有害業務） 会社は、危険有害業務については、関係法令の定めるところにより、就業を禁止または制限する。

第10条（免許証等の携帯） 法定の免許または資格を有する者でないと就業できない業務に従事する者は、就業時は、当該業務に係る免許証または資格を証する書面等を常に携帯しなければならない。

第11条（安全衛生点検） 会社は、災害発生の防止を図るため、関係法令に定めるものの他、所定の安全衛生点検を行う。

第12条（保護具等の使用） 危険有害な業務に従事する者は、保護具等を使用しなければならない。

第13条（非常災害時の措置） 従業員は、火災発生時には実態に応じ、必要な応急措置を行い、速やかに直属所属長に報告し、指示を受けなければならない。

2 労務安全担当課長は、災害の原因について分析し、類似災害を防止するために必要な措置を講じなければならない。

附則

1 この規程は令和○年○月○日に制定し、同日実施する。

2 従業員が業務中に負傷したときの報告書を作成する

事業を管轄する労働基準監督署に労働者死傷病報告書を提出する

▓▓ 労働者死傷病報告書の提出が必要な場合

労働者が業務中にケガをして死亡した場合、または4日以上の休業をした場合、事業者（使用者）は、所轄労働基準監督署長に対し「労働者死傷病報告書」の提出が義務付けられています。「労働者死傷病報告書」の提出の目的は、使用者側から労働者死傷病報告書を提出してもらうことによって、「どのような業種で、どのような労働災害が起こっているのか」を監督官庁側で把握することにあります。これによって、事故の発生原因の分析や統計を取り、労働災害の再発防止の指導などに役立たせています。

労働者死傷病報告は、事故発生後に遅滞なく所轄労働基準監督署長に提出します。休業が4日以上続いた場合（191ページ）と休業が4日未満の場合（192ページ）では提出する書式が異なります。添付書類についての定めは特になく、事故などの災害の発生状況を示す図面や写真などがあれば添付します。

なお、通勤途中のケガの場合には、休業日数に関係なく「労働者死傷病報告書」の提出は不要です。

▓▓ 事故報告書の提出が必要な場合

人身事故ではなくても、特定の機械の事故や爆発・火災などが生じた場合は、所轄労働基準監督署長に対し「事故報告書」（193ページ）を提出することが必要です。提出義務の対象となる主な事故などは、以下のとおりです（労働安全衛生規則96条）。

・事業場内またはその附属建設物内で発生した火災、爆発の事故

・事業場内またはその附属建設物内で発生した遠心機械、研削といし その他の高速回転体の破裂
・事業場内またはその附属建設物内で発生した機械集材装置、巻上げ 機または索道の鎖または索の切断
・ボイラーの破裂
・クレーン、移動式クレーン、デリックの倒壊
・エレベーター、建設用リフトのワイヤロープの切断

　事故が発生した場合には、遅滞なく「事故報告書」を所轄労働基準 監督署長に提出します。実際に事故が発生した場合には、冷静に応急 の措置をするとともに、素早く的確に事故の状況を把握し、その内容 を具体的に漏れなく報告することが必要です。原因となった機械など を特定し、その概要について記入した上で、事故再発の防止対策もあ わせて記入します。

　事故報告書についても特定の添付書類はないものの、事故の発生状 況や原因などの詳細を記載することが必要です。記入欄に書ききれな い場合は、別紙を利用して添付します。

■ 業務災害発生時の補償

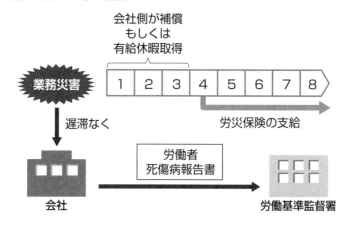

労働者死傷病報告

様式第23号（第97条関係）（表面）

労働保険番号（建設業の工事に従事する下請人の労働者が被災した場合、元請人の労働保険番号を記入すること。）　事業の種類

| 8 | 1 | 0 | 0 | 1 | | 1 | 3 | 4 | 0 | 7 | 1 | 0 | 9 | 9 | 9 | 9 | 0 | 0 | 0 | | | | | 総合工事業 |

府県　所掌　管轄　基幹番号　枝番号　被一括事業番号

事業場の名称（建設業にあっては工事名を併記のこと。）

カナ | カ | ブ | シ | キ | ガ | イ | シ | ャ | ト | ウ | ザ | イ | ケ | ン | セ | ツ | | |

漢字 | 株 | 式 | 会 | 社 | 東 | 西 | 建 | 設 | | | | | | | | | | |

工事名 | 新 | 宿 | 中 | 央 | 病 | 院 | 新 | 築 | 工 | 事 | | | | | | | | |
| | | | | | | | | | | | | | | | | | |

職員記入欄　派遣先の事業の労働保険番号

都道府県　所掌　管轄　基幹番号　枝番号　被一括事業番号　派遣労働者が被災した場合は、派遣先の事業場の郵便番号

事業の所在地　東京都新宿区中央2-1-1　電話　03（3333）1234

構内下請事業の場合は親事業場の名称、建設業の場合は元方事業場の名称　関東・東西建設共同企業体

派遣労働者が被災した場合は、派遣元・派遣先の事業場の名称

郵便番号
| 1 | 6 | 0 | - | 0 | 0 | 0 | 1 | 労働者数 | | 3 | 4 | 5 |人

発生月日（時間は24時間表記とすること。）　7:平成　9:令和
| 9 | 0 | 5 | 0 | 5 | 1 | 9 | | 1 | 4 | 3 | 0 |

被災労働者の氏名（姓と名の間は1文字空けること。）

カナ | カ | ナ | ヤ | マ | | ヨ | ウ | イ | チ | | |

生年月日　明治大正昭和平成令和　5:昭和
| 5 | 3 | 9 | 0 | 2 | 2 | 4 | （59）歳

性別 | 〇 | |　男・女

漢字 | 神 | 奈 | 山 | | 洋 | 一 | | | |

職種　塗装工業

経験期間 | 3 | 0 | 〇 |

休業見込期間又は死亡日時（死亡の場合は死亡欄に○）　傷病名　傷病部位　被災地の場所

休業見込 | 0 | 7 | | | 〇 |死亡

死亡日時

傷病名　右腕打撲

傷病部位　右腕

被災地の場所　東京都新宿区中央2-6-5

災害発生状況及び原因

①どのような場所で②どのような作業をしているときに③どのような物又は環境に④どのような不安全な又は有害な状態があって⑤どのような災害が発生したかを詳細に記入すること。

令和5年5月19日午後2時半頃、病院新築工事現場にて、塗装工事の際、4尺脚立の天板から1段下の段（高さ約1m）に乗り4階天井の木枠を塗装する作業中、誤ってバランスを崩し、落下した。その際、合板の床に右腕を強打して負傷した。

略図（発生時の状況を図示すること。）

床へ落下

労働者が外国人である場合のみ記入すること。

国籍・地域　　在留資格

職員記入欄

国籍・地域コード　在留資格コード

起因物　店社コード　業種分類

事故の型　発注者種類　事業場等区分　業務上疾病　(1)　自由設定項目　(2)　(3)
| | | | | 1:該当　2:非該当 | | |

報告書作成者　職　氏名　労務課課長　赤山三郎

令和5年6月1日

事業者職氏名　株式会社　東西建設
代表取締役　千葉二郎

新宿　労働基準監督署長殿

受付印

様式第24号（第97条関係）

労　働　者　死　傷　病　報　告

令和5年　7月から　5年　9月まで

事業の種類	事業場の名称（建設業にあっては工事名を併記のこと。）	事業場の所在地	電話	労働者数
総合工事業	株式会社 南北建築	新宿区東新宿 1-2-3	03(1234)5678	167

被災労働者の氏名	性別	年齢	職種	派遣労働者の場合は欄に○	発生月日	傷病名及び傷病の部位	休業日数	災害発生状況
黒田 裕一	男・女	35歳	内装工		8月11日	熱中症	1	空温40度の現場で作業中めまい・ふらつきがあり熱中症を発症したもの
白井 恭介	男・女	58歳	内装工		9月13日	側頭部外傷	2	棚の解体作業中近くにあったカーテンレールに側頭部をぶつけたもの
	男・女	歳			月　日			
	男・女	歳			月　日			
	男・女	歳			月　日			
	男・女	歳			月　日			
	男・女	歳			月　日			

令和5年10月5日

報告書作成者職氏名　総務課長　西村一郎

新宿 労働基準監督署長殿

事業者職氏名
株式会社 南北建築
代表取締役　南山次郎

備考　派遣労働者が被災した場合、派遣先及び派遣元の事業者は、それぞれ所轄労働基準監督署に提出すること。

様式第22号（第96条関係）

事　故　報　告　書

事業場の種類	事業場の名称（建設業にあっては工事名併記のこと）	労働者数
総合工事業	株式会社 大東京工業　羽田町地内水道管交換工事	60人

事　業　場　の　所　在　地	発　生　場　所
東京都大田区羽田中央1-1-1 （電話　　03-3123-4567　　）	東京都大田区羽田東 5-5-5

発　　生　　日　　時	事故を発生した機械等の種類等
令和5 年 9 月 7 日 10 時 00 分	トラック搭載クレーン（吊上荷重2.9t）

構内下請事業の場合は親事業場の名称 建設業の場合は元方事業場の名称	大日本建設株式会社 東京支店

事 故 の 種 類	ワイヤーロープの切断

	区　分	死亡	休業4日以上	休業1～3日	不休	計		区　　分	名称、規模等	被害金額
人的被害	事故発生事業場の被災労働者数 男	0	0	1	2	3	物的被害	建　　物	m²	円
								その他の建設物		円
	女							機 械 設 備	ワイヤーロープ切断	150,000 円
								原　材　料		円
	その他の被災者の概数	なし						製　　品		円
			（　　　　　　）					そ　の　他		円
								合　　計		円

事 故 の 発 生 状 況	トラック搭載クレーンの荷台から水道管10m（約500kg）を玉掛けし、設置予定箇所に降ろそうとしたところ、作業員に当たりそうになったため、巻き上げ操作を行ったところワイヤーロープが切断した。
事 故 の 原 因	急激な巻き過ぎにより、劣化していたワイヤーロープが切断したこと。事前点検において劣化を発見できなかったこと。
事 故 の 防 止 対 策	作業開始前の異常点検の徹底。 吊り荷の下に作業員を立ち入らせないこと。
参 　 考 　 事 　 項	巻き過ぎ警報装置が正常に作動することにより、ワイヤーロープの切断事故が防げるので、作業開始前に作動を確認する。
報 告 書 作 成 者 職 氏 名	総務部長　山梨 吉雄

令和　5　年　9　月　9　日

大田 労働基準監督署長　　殿　　　　事業者 職 氏名

株式会社 大東京工業
代表取締役 東京 太郎

備考
1　「事業の種類」の欄には、日本標準産業分類の中分類により記入すること。
2　「事故の発生した機械等の種類等」の欄には、事故発生の原因となった次の機械等について、それぞれ次の事項を記入すること。
　(1)　ボイラー及び圧力容器に係る事故については、ボイラー、第一種圧力容器、第二種圧力容器、小型ボイラー又は小型圧力容器のうち該当するもの。
　(2)　クレーン等に係る事故については、クレーン等の種類、型式及びびつり上げ荷物又は積載荷重。
　(3)　ゴンドラに係る事故については、ゴンドラの種類、型式及び載積荷重。
3　「事故の種類」の欄には、火災、鎖の切断、ボイラーの破裂、クレーンの逸走、ゴンドラの落下等具体的に記入すること。
4　「その他の被災者の概数」の欄には、届出事業者の事業場の労働者以外の被災者の数を記入し、（　）内には死亡者数を内数で記入すること。
5　「建物」の欄には構造及び面積、「機械設備」の欄には台数、「原材料」及び「製品」の欄にはその名称及び数量を記入すること。
6　「事故の防止対策」の欄には、事故の発生を防止するために今後実施する対策を記入すること。
7　「参考事項」の欄には、当該事故において参考になる事項を記入すること。
8　この様式に記載しきれない事項については、別紙に記載して添付すること。

3 その他労基署へ提出する書類を作成する

労働者の安全を確保するための書式

■■ 書式を作成する際の注意点

　労働安全衛生法では、事業場の業種や規模に応じた措置として、以下の書式の労働基準監督署への提出が求められる場合があります。

書式5　定期健康診断結果報告書（197ページ）

　常時50人以上の労働者を使用している事業場では、定期健康診断（歯科健診を除く）または特定業務従事者（深夜業など特定の有害業務に従事する者）の健康診断（定期のものに限る）を行ったときに提出します。また、常時粉じん作業に従事している者や有機溶剤を取り扱う業務など一定の有害な業務に従事する労働者を使用する場合には、特殊健康診断を実施する必要があります。なお、特殊健康診断については、常時使用している労働者の数にかかわらず、健康診断の結果を報告しなければいけません。また、常時従事している（または過去に常時従事したことがある）有害業務ごとに、報告するための様式が異なるため注意が必要です。

書式6　心理的な負担の程度を把握するための検査結果等報告書（198ページ）

　心理的な負担の程度を把握するための検査とは、ストレスチェックのことです。業種関係なく常時50人以上の労働者を使用している事業場で年1回実施が義務付けられています。実施後は、遅延なく検査結果等報告書を提出しなければなりません。

書式7　安全衛生教育実施結果報告（199ページ）

　労働局の指定を受けた事業場における事業者は、前年度における安全衛生教育（雇入れ時・作業内容変更時の教育、特別教育、職長教育）の実施状況を「安全衛生教育実施結果報告」により毎年度報告す

る必要があります。

　会社の安全衛生管理体制では、一定の業種または規模（労働者数）の事業場について、管理責任者の選任と委員会の組織化を求めています。なお、選任時には報告が必要です。

■ **各書類の名称、提出事由・時期** ………………………………………

書類名	提出事由	提出時期
定期健康診断結果報告書	常時50人以上の労働者を使用する場合	健康診断実施時
心理的な負担の程度を把握するための検査結果等報告書	常時50人以上の労働者を使用する場合	ストレスチェック実施時
安全衛生教育実施結果報告	雇入れ時、作業内容の変更時、特別教育、職長教育を行った場合	毎年度
総括安全衛生管理者・安全管理者・衛生管理者・産業医選任報告	選任の必要が生じた場合	遅滞なく
共同企業体代表者（変更）届	2以上の建設業の事業者が1つの仕事を共同で請け負った場合	工事開始の14日前まで
特定元方事業者等の事業開始報告	元請人の労働者および下請人（関係請負人）の労働者が同一の作業場所で作業を行う場合	遅延なく
機械等設置・移転・変更届	支柱の高さが3.5m以上の型枠支保工などの設置・移転・変更時	工事開始の30日前まで
建設工事・土石採取計画届	高さ31mを超える建築物の建設業務・掘削の高さ（深さ）10m以上の地山の掘削作業、土石採取のための掘削作業時	工事開始の14日前まで
クレーン設置届	つり上げ荷重3t以上のクレーン（スタッカークレーン1t以上）の設置・変更・移転時	工事開始の30日前まで

書式9　共同企業体代表者（変更）届（201ページ）

2以上の建設業の事業者が1つの仕事を共同で請け負った場合、代表者1名を選定したときに提出します。

書式10　特定元方事業者等の事業開始報告（202ページ）

元請人の労働者および下請人（関係請負人）の労働者が同一の作業場所で作業を行う場合に提出します。建設工事の元請人となった場合や統括安全衛生管理責任者となった場合に限られます。

書式11　機械等設置・移転・変更届（203ページ）

支柱の高さが3.5m以上の型枠支保工、高さおよび長さがそれぞれ10m以上の架設通路、高さが10m以上の構造の足場（つり足場、張り出し足場は高さに関係なく）などの一定の機械等の設置時は、その計画について工事開始日の30日前までに所轄労働基準監督署長に届け出なければなりません。

書式12　建設工事・土石採取計画届（204ページ）

高さ31mを超える建築物の建設等の業務、掘削の高さまたは深さが10m以上である地山の掘削作業、あるいは土石採取のための掘削作業を行うなど一定の仕事を行う場合は、工事開始日の14日前までに、所轄労働基準監督署長にその計画を届け出る必要があります。仕事の範囲を記入する時は、労働安全衛生規則で定める区分により記入し、計画の概要は簡潔に記入します。

書式13　クレーン設置届（205ページ）

つり上げ荷重が3t以上のクレーン（スタッカークレーンは1t以上）を設置・変更・移転をしようとする事業者、廃止したクレーンを再び設置しようとする事業者、あるいは性能検査を受けずに6か月以上経過したクレーンを再び使用しようとする事業者は、「クレーン設置届」を所轄労働基準監督署長に提出しなければなりません。

様式第6号(第52条関係)(表面)

定期健康診断結果報告書

80311

| 労働保険番号 | 1310501234 5000 |
| 都道府県 | 所掌 | 管轄 | 基幹番号 | 枝番号 | 被一括事業場番号 |

| 対象年 | 7:平成 9:令和 | 904 | (1月～12月分)(報告1回目) | 健診年月日 | 7:平成 9:令和 | 9041215 |

| 事業の種類 | 総合工事業 | 事業場の名称 | 株式会社 東西建設 |

| 事業場の所在地 | 郵便番号(101-0101) 東京都中央区中央1－1－1 | 電話 03(2468)1357 |

| 健康診断実施機関の名称 | 中央健診センター | 在籍労働者数 | 74 右に詰めて記入する↑ |

| 健康診断実施機関の所在地 | 中央区中央2－4－6 | 受診労働者数 | 74 右に詰めて記入する↑ |

(＊)労働安全衛生規則第13条第1項第3号に掲げる業務に従事する労働者数(右に詰めて記入する)

	人		人		人		人
	人		人		人		人
	人		人		計		人

健康診断項目		実施者数	有所見者数		実施者数	有所見者数
	聴力検査(オージオメーターによる検査)(1000Hz)	74		肝機能検査	74	3
	聴力検査(オージオメーターによる検査)(4000Hz)	74		血中脂質検査	74	2
	聴力検査(その他の方法による検査)			血糖検査	74	
	胸部エックス線検査	74	7	尿検査(糖)	74	
	喀痰検査	6		尿検査(蛋白)	74	
	血圧	74		心電図検査	42	
	貧血検査	4				

| 所見のあった者の人数 | 12 | 医師の指示人数 | 2 |

| 産業医 | 氏名 | 山中一郎 |
| | 所属機関の名称及び所在地 | 山中クリニック　中央区中央3－1－16 |

令和5年1月11日

中央　労働基準監督署長殿

事業者職氏名　株式会社 東西建設
代表取締役
南川次郎

受付印

様式第6号の3（第52条の21関係）（表面）

心理的な負担の程度を把握するための検査結果等報告書

8 0 5 0 1		労働保険番号	1 1 1 1 1 1 1 1 1 1 1 1 1 1 1 1 1 1 1 1 1 1
			都道府県 所掌 管轄 　基幹番号　 枝番号 被一括事業場番号

対象年	7:平成 9:令和 →	9 0 4 年分 ↑1〜9年は右↑	検査実施年月	7:平成 9:令和 →	9 0 4 1 0 ↑1〜9年は右↑1〜9月は右↑
事業の種類		総合工事業	事業場の名称		株式会社 大東京工業
事業場の所在地		郵便番号（ ○○○-○○○○ ）東京都大田区羽田中央１−１−１　電話 ○○○（××××）△△△△			

			在籍労働者数	1 2 5 人 右に詰めて記入する↑
検査を実施した者	1	1:事業場選任の産業医 2:事業場所属の医師（1以外の医師に限る。）、保健師、歯科医師、看護師、精神保健福祉士又は公認心理師 3:外部委託先の医師、保健師、歯科医師、看護師、精神保健福祉士又は公認心理師	検査を受けた労働者数	1 1 3 人 右に詰めて記入する↑
面接指導を実施した医師	1	1:事業場選任の産業医 2:事業場所属の医師（1以外の医師に限る。） 3:外部委託先の医師	面接指導を受けた労働者数	2 人 右に詰めて記入する↑
集団ごとの分析の実施の有無	1	1:検査結果の集団ごとの分析を行った 2:検査結果の集団ごとの分析を行っていない		

産業医	氏　名	間　太朗
	所属機関の名称及び所在地	東新宿病院　新宿区東新宿３−５−２

令和5年 2 月 1 日

株式会社 大東京工業
事業者職氏名　東京　太郎

大田　労働基準監督署長殿

受 付 印

折り曲げる場合は、（◀の所を谷に折り曲げること

198

安全衛生教育実施結果報告

様式第4号の5（第40条の3関係）

			令和5年4月1日から令和6年3月31日まで
事業場の名称	株式会社 大東京工業	事業場の所在地	東京都大田区羽田中央1-1-1

教育の種類	イ 雇入れ時の教育　　　　　　ロ 作業内容変更時の教育 ハ 特別の教育　　　　　　ニ 職長等の教育	性別 労働者数	男	女	計	教育を省略した理由

教育実施月日	令和5年4月1日～令和5年4月7日	全労働者数	50	10	60	前職で10年にわたり、建設業に従事し、雇入れ時の教育内容については熟知している。
	令和5年10月1日～令和5年10月7日	教育の対象となる労働者数	8	2	10	
	年　月　日～　　年　月　日	教育を省略できる労働者数	2	0	2	
	年　月　日～　　年　月　日	教育を実施した労働者数	6	2	8	

教育内容					教育実施担当者		
科目又は事項	教育方法	教育内容の概要	教育時間	使用教材等	氏名	職名	資格
機械の扱い方法	学科／実技	労働者が使用する機械の危険性等を周知し、危険を避けるための保護具の取扱い方法、作業手順、点検について教え、整理整頓の必要性、緊急時の退避方法、その他安全衛生に関する事項	40時間	当社安全衛生マニュアル	大阪一郎	工場長	一級建築士
保護具の性能	学科						
作業手順	学科／実技						
作業開始時の点検	学科／実技						
疾病の原因と予防	学科						
整理整頓	学科／実技						
事故時の応急措置及び避難	学科／実技						
その他	学科／実技						

令和6年4月8日

事業者 職 氏名　株式会社 大東京工業
代表取締役 東京 太郎

大田 労働基準監督署長　殿

（備考）　1　この報告は、教育の種類ごとに作成すること。
　　　　　2　「教育の種類」の欄は、該当事項を○で囲むこと。
　　　　　3　「教育の内容」及び「教育実施担当者」の欄は、報告に係る期間中に実施された教育のすべての科目又は事項について記入すること。
　　　　　4　「教育方法」欄は、学科教育、実技教育、討議等と記入すること。
　　　　　5　労働安全衛生規則第40条の3第1項の規定により作成した安全衛生教育の計画を添付すること。

様式第3号（第2条、第4条、第7条、第13条関係）（表面）

総括安全衛生管理者・安全管理者・衛生管理者・産業医選任報告

| 8 0 4 0 1 | 労働保険番号 | 1 3 1 0 5 0 1 2 3 4 5 0 0 0 | ページ　総ページ □□/□□ |

事業場の名称	株式会社 東西建設
事業場の所在地	郵便番号（ 101-0101 ） 東京都中央区中央1－1－1

事業の種類　建設業

衛生管理者の場合は
坑内労働又は有害業務（労働基準法施行規則第18条各号に掲げる業務）に従事する労働者数　　人
坑内労働又は労働基準法施行規則第18条第1号、第3号から第5号まで若しくは第9号に掲げる業務に従事する労働者数　　人

電話番号　0 3 - 2 4 6 8 - 1 3 5 7　← 左に詰めて記入する

労働者数　□□□ 7 4　→ 右に詰めて記入する

計　□□□□□

産業医の場合は、労働安全衛生規則第13条第1項第3号に掲げる業務に従事する労働者数

| フリガナ 姓と名の間は1文字空けること | ホッカイ　カスゞオ |
| 被選任者氏名 姓と名の間は1文字空けること | 北海　一男 |

| 選任年月日 | 7：平成 9：令和 → 元号 年 月 日 9 0 5 0 7 0 1 （1～9年は右詰 1～9月は右詰 1～9日は右詰） | 生年月日 | 1：明治 3：大正 5：昭和 7：平成 9：令和 元号 年 月 日 5 4 1 0 3 0 9 （1～9年は右詰 1～9月は右詰 1～9日は右詰） | 選任種別 | 2 | 1．総括安全衛生管理者 2．安全管理者 3．衛生管理者（4以外の者） 4．衛生管理者（衛生工学管理担当） 5．産業医 |

・安全管理者又は衛生管理者の場合は担当すべき職務	安全管理一般に関すること

| 専属の別 | 1 | 1．専属 2．非専属 | 他の事業場に勤務している場合は、その勤務先 |
| 専任の別 | 2 | 1．専任 2．兼職 | 他の業務を兼職している場合は、その業務　総務部長 |

・総括安全衛生管理者又は安全管理者の場合は経歴の概要	○○大学　理工学部卒 令和3年7月1日～令和4年6月30日　施設係長 令和4年7月1日～令和5年6月30日　施設課長 以上の職において、産業安全の実務経験2年以上あり

・産業医の場合は医籍番号等　□ - □□□□□□□□□□
種別　医籍番号（右に詰めて記入する）→

| フリガナ 姓と名の間は1文字空けること | |
| 前任者氏名 姓と名の間は1文字空けること | |

| 辞任、解任等の年月日 | 7：平成 9：令和 → 元号 年 月 日 □□□□□□□ （1～9年は右詰 1～9月は右詰 1～9日は右詰） | 参考事項 | |

令和5年7月10日

事業者職氏名

中央　労働基準監督署長殿

株式会社 東西建設
代表取締役
南 川 次 郎

受付印

200

様式第1号（第1条関係）

共同企業体代表者（変更）届

事 業 の 種 類	※共同企業体の名称	※共同企業体の主たる事務所の所在地及び仕 ※事を行う場所の地名番号	
鉄筋鉄骨 コンクリート造 マンション建設工事	大東京・大江戸建設 工事共同企業体	電話 ○○○(××××)△△△△	
		東京都新宿区○○１２３	
発 注 者 名	日本不動産株式会社	工 事 請 負 金 額	200,000,000円
工 事 の 概 要	鉄筋鉄骨コンクリート造 マンション5階新築工事	工 事 の 開 始 及 び 終 了 予 定 年 月 日	令和3年10月1日 ～ 令和4年3月31日
※代表者職氏名	新 大東京建築株式会社 代表取締役 東京次郎	※ 変 更 の 年 月 日	
	旧 （変更の場合のみ記入）		
※ 変 更 の 理 由			
仕事を開始す るまでの連絡 先	東京都大田区○○１１１１		
		電話 ○○○(××××)△△△△	

※　令和3 年　3 月 20 日

※　新宿 労働局長殿

※共同企業体を構成する事業者職氏名

大東京建築株式会社　代表取締役 東京次郎

大江戸建築株式会社　代表取締役 江戸次郎

備考

1　共同企業体代表者届にあつては、表題の（変更）の部分を抹消し、共同企業体代表者変更届にあつては、※印を付してある項目のみ記入すること。

2　「事業の種類」の欄には、次の区分により記入すること。

水力発電所建設工事　ずい道建設工事　地下鉄建設工事　鉄道軌道建設工事　橋梁建設工事　道路建設工事　河川土木工事　砂防工事　土地整理土木工事　その他の土木工事　鉄骨鉄筋コンクリート造家屋建築工事　鉄骨造家屋建築工事　その他の建築工事又は設備工事

3　この届は、仕事を行う場所を管轄する労働基準監督署長に提出すること。

特定元方事業者等の事業開始報告

様式任意（第664条関係）

| 元方事業 | 事業の種類 | ずい道等の工事 | 事業場の名称 | 株式会社〇〇土木 | 事業場の所在地 | 〒〇〇〇-〇〇〇〇 東京都新宿区〇〇 | 常時使用労働者数 31人 |

| 方事業 | 事業の概要 | 工事延長 L＝1000m | | | 工期 | 令和5年8月25日～令和5年12月25日 | |

統括安全衛生責任者の選任の有無及び有の場合氏名

| 事業者 | 氏名 | 工事延長 L＝1000m | 発注者名 | | | |

店社安全衛生管理者の選任の有無及び有の場合氏名

| ㊲・無 | 氏名 | 東京　一郎 | 有・無 | 氏名 | | |

元方安全衛生管理者の選任の有無及び有の場合氏名

| ㊲・無 | 氏名 | 東京　次郎 | | | | |

関係請負人	事業の種類	事業場の名称	事業場の所在地	常時使用労働者数
	重機機械	〇〇㈱	東京都大田区〇〇〇	5名
	土木工事	〇〇工業㈱	東京都大田区〇〇〇	10名

備考

5年8月30日

〇〇労働基準監督署長　殿

特定元方事業者　東京都新宿区〇〇
職　　　　　　株式会社〇〇土木
氏　名　　　　代表取締役　東京　太郎　㊞

備考
1　氏名を記載し、押印することに代えて、署名することができる。

202

様式第20号（第86条関係）

機　械　等　設　置・<s>移転</s>・変更届

事業の種類	総合工事業	事業場の名称	株式会社 新東京工業	常時使用する労働者数	60人
設　置　地	東京都新宿区新宿123	主たる事務所の所在地		東京都大田区羽田東 2-4-6 電話 03（3123）0123	

計画の概要	足場の設置を行う。高さ 25.4ｍ。躯体工事用として、躯体の全周に枠組足場を設置。

製造し、又は取り扱う物質等及び当該業務に従事する労働者数	種　類　等	取　扱　量	従事労働者数		
			男	女	計
	／	／	5 名	0 名	5 名

参画者の氏名	坂本　義男	参画者の経歴の概要	一級建築士免許番号　第123号 型枠支保工・足場工事計画作成参画者 資格研修修了証番号　第456号

工事着手予定年月日	令和5年 6 月10日	工事落成予定年　　月　　日	令和5年 6 月17日

令和5 年 5 月 1 日

事業者職氏名 **株式会社 新東京工業**
代表取締役 東京 一郎

　新宿 労働基準監督署長　　殿

備考
1　表題の「設置」、「移転」及び「変更」のうち、該当しない文字を抹消することと。
2　「事業の種類」の欄は、日本標準産業分類の中分類により記入すること。
3　「設置地」の欄は、「主たる事務所の所在地」と同一の場合は記入を要しないこと。
4　「計画の概要」の欄は、機械等の設置、移転又は変更の概要を簡潔に記入すること。
5　「製造し、又は取り扱う物質等及び当該業務に従事する労働者数」の欄は、別表第7の13の項から25の項まで（22の項を除く。）の上欄に掲げ

書式12　建設工事・土石採取計画届

建 設 工 事
~~土　石　採　取~~ 計 画 届

様式第21号(第91条、第92条関係)

事 業 の 種 類	事 業 場 の 名 称	仕事を行う場所の地名番号	
鉄骨鉄筋コンクリート造家屋建設工事	株式会社 大東京工業	東京都大田区羽田東2-20-3 電話　03（3123）8901	
仕 事 の 範 囲	労働安全衛生規則第90条第1号 （高さ31mを超える建築物等の 建設等の仕事）	採取する土石 の　種　類	
発 注 者 名	関東不動産株式会社	工 事 請 負 金　　　額	100,000,000 円
仕 事 の 開 始 予 定 年 月 日	令和 5 年 5 月20日	仕 事 の 終 了 予 定 年 月 日	令和 5 年12月25日
計 画 の 概 要	鉄骨造（一部、鉄骨鉄筋コンクリート造） 地下1階、地上10階　延べ面積 10,000 ㎡ 高さ65.0m（軒高60m、ペントハウス5m）		
参 画 者 の 氏 名	東京　太郎	参 画 者 の 経 歴 の 概 要	一級建築士免許番号 第654321号 建築工事における安全衛生の実務 経験5年（経歴の詳細は別紙）
主たるの事務所 の　所　在　地	東京都大田区羽田中央1-1-1 電話　03（3123）4567		
使 用 予 定 労 働 者 数	10 人	関係請負人 の 予 定 数　100 人	関係請負人の使用 する労働者の予定 数　の　合　計　110 人

令和 5 年 5 月 2 日

事業者職氏名　　株式会社 大東京工業
代表取締役
　　東京　太郎

　　　　厚 生 労 働 大 臣
大田　労働基準監督署長　殿

備考
1　表題の「建設工事」及び「土石採取」のうち、該当しない文字を抹消すること。
2　「事業の種類」の欄は、次の区分により記入すること。
　建 設 業　水力発電所等建設工事　ずい道建設工事　地下鉄建設工事　鉄道軌道建設工事
　　　　　　橋梁建設工事　道路建設工事　河川土木工事　砂防工事　土地整理土木工事
　　　　　　その他の土木工事　鉄骨鉄筋コンクリート造家屋建築工事　鉄筋造家屋建築工事
　　　　　　建築設備工事　その他の建築工事　電気工事業　機械器具設置工事　その他の設備工事
　土石採取業　採石業　砂利採取業　その他土石採取業
3　「仕事の範囲」の欄は、労働安全衛生規則第90条各号の区分により記入すること。
4　「発注者名」及び「工事請負金額」の欄は、建設工事の場合に記入すること。
5　「計画の概要」の欄は、届け出る仕事の主な内容について、簡潔に記入すること。
6　「使用予定労働者数」の欄は、届出事業者が直接雇用する労働者数を記入すること。
7　「関係請負人の使用する労働者の予定数の合計」の欄は、延べ数で記入すること。
8　「参画者の経歴の概要」の欄には、参画者の資格に関する学歴、職歴、勤務年数等を記入すること。

様式第2号(第5条関係)

クレーン設置届

事業の種類	総合工事業		
事業の名称	株式会社 大東京工業		
事業場の所在地	東京都大田区羽田中央1-1-1　電話(　　03-3123-4567 　)		
設置地	東京都大田区羽田中央2-3-5		
種類及び型式	クラブトロリ式天井クレーン	つり上げ荷重	100t
製造許可年月日及び番号	令和 5 年 4 月 15 日東京労働局第999号(　　　　　　)		
設置工事を行う者の名称及び所在地	大日本建設株式会社　東京都大田区西羽田6-5-6　電話(　03-3123-5678 　)		
設置工事落成予定年月日	令和 5 年 12 月 10 日		

令和 5 年 6 月 1 日

　　　　　　　　　　　　事業者職氏名　株式会社 大東京工業
　　　　　　　　　　　　　　　　　　　代表取締役 東京 太郎

大田 労働基準監督署長　殿

備考
1　「事業の種類」の欄は、日本標準産業分類(中分類)による分類を記入すること。
2　「製造許可年月日及び番号」の欄の( )内には、すでに製造許可を受けているクレーンと型式が同一であるクレーンについて、その旨を注記すること。

Column

届出や審査が必要な業務

労働災害防止のために、下図のような大規模な建設物や一定の条件に該当する機械などについては、事前に届出を義務付けています。

■ 厚生労働大臣への届出が必要な作業 ……………………………………………

作業内容	具体的作業	期限	届出先
特に大規模な建設業	①高さが300m以上の塔の建設	工事開始の30日前	厚生労働大臣
	②基礎地盤から堤頂までの高さ150m以上のダムの建設		
	③最大支間500m（つり橋1000m）以上の橋梁の建設		
	④長さが3000m以上のずい道等の建設		
	⑤長さが1000m以上3000m未満のずい道等の建設における通路使用のための深さ50m以上のたて坑掘削		
	⑥ゲージ圧力が0.3メガパスカル以上の圧気工法による作業		

■ 労働基準監督署長への届出が必要な作業 ……………………………………

作業内容	具体的作業	期限
危険・有害な機械等の設置等	①特定機械等の設置等	仕事開始日の30日前
	②一定の動力プレスの設置等	
	③一定のアセチレン溶接装置・ガス集合溶接装置の設置等	
	④一定の化学設備・乾燥設備・粉じん作業設備の設置等	
建設業・土石採取業における作業	①高さ31m超の建設物・工作物の建設等（建設・改造・解体・破壊）	仕事開始日の14日前
	②最大支間50m以上の橋梁の建設等	
	③最大支間30m以上50m未満の橋梁の上部構造の建設等	
	④ずい道等の建設等（一定のものを除く）	
	⑤掘削の高さまたは深さが10m以上である地山の掘削作業	
	⑥圧気工法による作業	
	⑦耐火建築物・準耐火建築物に吹き付けられた石綿等の除去	
	⑧一定の廃棄物焼却炉、集じん機等の設備の解体等	
	⑨掘削の高さ・深さ10m以上の土石採取のための掘削作業	
	⑩坑内掘りによる土石採取のための掘削作業	

第5章

社会保険・労働保険の
しくみと加入手続き

1 労災保険のしくみを知っておこう

原則として労働者が1人でもいれば制度に加入しなければならない

■■ 労災保険は仕事中・通勤途中の事故を対象とする

労働者災害補償保険（労災保険）は、仕事中や通勤途中に被災した労働者のケガ、病気、障害、死亡に対して、迅速で公正な保護をするために必要な保険給付を行うことを主な目的としています。また、その他にも負傷労働者やその遺族の救済を図るために様々な社会復帰促進等事業を行っています。

つまり、労災保険は労働者の稼得能力の損失に対する補てんをするために、必要な保険給付を行っているといえます。

■■ 労災保険は本社・支社など事業所ごとに加入する

労災保険は事業所ごとに適用されるのが原則です。本社の他に支店や工場などがある会社については、本店は本店のみで独自に労災保険に加入し、支店は支店で本店とは別に労災保険に加入することになります。

ただ、支店や出張所などでは労働保険の事務処理を行う者がいないなどの一定の理由がある場合は、本店（本社）で事務処理を一括して行うことができます。

■■ 労災保険に加入する義務が生じる場合

労災保険は労働者を1人でも使用する事業を強制的に適用事業としています。つまり、労働者を雇った場合は、原則として労災保険の適用事業所になります。労災未加入時に労災事故が発生した場合には、故意、過失の状況に応じ、最大で保険給付の全額が事業主から徴収されます。

██ 一定の個人事業主には加入が強制されない

　前述したように、労災保険は、原則として労働者を1人でも使用する事業について適用事業とします。

　しかし、労災保険料が全額事業主負担であることを考えると、すべての事業を強制的に労災保険に加入させるのには無理があります。また、暫定任意適用事業となっている業種は、そもそも家族、親族中心で事業を行っていることが多く、原則に当てはめることが適切でない場合もあります。そこで、個人経営の事業で一定の事業に限っては、労災保険への加入を強制しないことにしました。労災保険への加入が任意となっている事業を暫定任意適用事業といいます。暫定というのは「当分の間」という意味です。労働者保護の観点からは、将来的にはすべての事業について労災保険に加入すべきだと考えられるため、暫定ということになっています。暫定任意適用事業とは、具体的には下図の①〜③までの個人経営の事業になります。

　なお、会社などの1人以上の労働者を使用する法人については、規模などに関係なくすべて労災保険に加入することになります。

■ 暫定任意適用事業 ……………………………………………………

```
           ┌──► ①農業・畜産・養蚕の事業で、常時使用労働者数が
           │      5人未満のもの
  ┌─────┐  │
  │暫定任意│──┼──► ②林業で労働者を常時使用せず、年間使用延労働者
  │適用事業│  │      数が300人未満のもの
  └─────┘  │
           └──► ③常時使用労働者数が5人未満の事業で、総トン数
                  5トン未満の漁船による事業または、河川、湖沼、
                  特定水面で操業する漁船による漁業
```

2 健康保険のしくみを知っておこう

労働者が業務外でケガ・病気・死亡・出産した場合に給付を行う

■■ 健康保険の給付内容の概要

　健康保険は、被保険者と被扶養者がケガ・病気をした場合や死亡した場合、さらには出産した場合に必要な保険給付を行うことを目的としています。健康保険を管理・監督するのは、全国健康保険協会または健康保険組合です。これを保険者といいます。これに対し、健康保険に加入する労働者を被保険者といいます。さらに、被保険者に扶養されている一定の親族などで、保険者に届け出た者を被扶養者といいます。健康保険の給付内容は、次ページの図のとおりです。業務上の災害や通勤災害については、労災保険が適用されますので、健康保険が適用されるのは、業務外の事故（災害）で負傷した場合に限られます。また、その負傷により会社を休んだ場合は、傷病手当金が支給され、休職による減額された給与の補てんが行われます。

■■ 健康保険は協会・健保組合が管理・監督する

　保険者である全国健康保険協会と健康保険組合のそれぞれの事務処理の窓口について確認しておきましょう。

① 全国健康保険協会の場合

　全国健康保険協会（協会けんぽ）が保険者となっている場合の健康保険を全国健康保険協会管掌健康保険といいます。保険者である協会は、被保険者の保険料を適用事業所ごとに徴収したり、被保険者や被扶養者に対して必要な社会保険給付を行ったりします。

　窓口は全国健康保険協会の都道府県支部になります。しかし、現在では各都道府県の年金事務所の窓口でも申請書類等を預かってもらえます。

② 健康保険組合の場合

　健康保険組合が管掌する場合の健康保険を組合管掌健康保険といいます。組合管掌健康保険の場合、実務上の事務手続きの窓口は健康保険組合の事務所になります。組合管掌健康保険に加入している事業所は年金事務所に届出などを提出することができません。健康保険組合の保険給付には、健康保険法で必ず支給しなければならないと定められている法定給付と、法定給付に加えて健康保険組合が独自に給付する付加給付があります。

■ 健康保険の給付内容 ……………………………………………

種　類	内　容
療養の給付	病院や診療所などで受診する、診察・手術・入院などの現物給付
療養費	療養の給付が困難な場合などに支給される現金給付
家族療養費	家族などの被扶養者が病気やケガをした場合に被保険者に支給される診察や治療代などの給付
入院時食事療養費	入院時に提供される食事に要した費用の給付
入院時生活療養費	入院する65歳以上の者の生活療養に要した費用の給付
保険外併用療養費	先進医療や特別の療養を受けた場合に支給される給付
（家族）訪問看護療養費	在宅で継続して療養を受ける状態にある者に対する給付
高額療養費	自己負担額が一定の基準額を超えた場合の給付
高額介護合算療養費	健康保険の一部負担額と介護保険の利用者負担額の合計額が一定の基準額を超えた場合の給付
（家族）移送費	病気やケガで移動が困難な患者を移動させた場合の費用給付
傷病手当金	業務外の病気やケガで働くことができなくなった場合の生活費
（家族）埋葬料	被保険者や被扶養者が業務外の事由で死亡した場合に支払われる給付
（家族）出産育児一時金	被保険者およびその被扶養者が出産をしたときに支給される一時金
出産手当金	産休の際、会社から給料が出ないときに支給される給付

Case 現場には日雇労働者も多くいるのですが、日雇労働者は、雇用保険や健康保険に加入できるのでしょうか。

回 答 日雇労働者においても、雇用保険や健康保険に加入することができます。それぞれの保険で、日雇労働者の定義は異なります。たとえば、雇用保険では、日々雇い入れられる者や30日以内の短い期間を定めて雇用される者を日雇労働被保険者といいます。また、健康保険では、日々雇い入れられる者や2か月以内の期間を定めて使用される者などを日雇特例被保険者といいます。つまり、事業主は従業員が日雇いだからと言って「社会保険などに加入させる必要がない」ということにはなりません。ただし、一般の正規従業員が継続雇用を前提としているのに対し、日雇労働被保険者は「日雇い」という、一般の正規従業員とは異なる労働条件で働いていることから、保険料の納付や保険給付については異なるしくみとなっています。具体的には、雇用保険料については、一般の雇用保険料の他に、印紙による保険料が徴収されます。これは、日雇労働被保険者は失業のリスクが高いためです。日雇労働被保険者が失業した場合には、雇用保険から日雇労働求職者給付金が支給されますが、日雇労働求職者給付金の受給資格や受給額は納付した印紙の枚数と額が基準となります。

健康保険の場合、日雇特例被保険者は、標準報酬月額ではなく標準賃金日額という等級区分により保険料を納付します。保険給付を受ける際には、①初めて療養の給付を受ける日の属する月より前の2か月間に通算して26日分以上の保険料を納付していること、②初めて療養の給付を受ける日の属する月より前の6か月間に通算して78日分以上の保険料を納付していること、の要件のいずれかを充たした場合に保険給付が認められます。

3 労災保険の適用と特別加入 について知っておこう

就労形態に関係なく適用される

■■ 労災保険はすべての労働者に適用される

労災保険は、労働災害に被災した労働者を保護するための保険です。正社員やパート、日雇労働者などの雇用形態は関係なく、労働者であれば適用されます。

会社の代表取締役などは労働者ではなく「使用者」であるため、労災保険は適用されません。ただし、代表権をもたない工場長や部長などの兼務役員には適用されます。つまり、労働者かどうかは、①使用従属関係があるか、②会社から賃金の支払いを受けているか、の2つの要素によって決まります。

■■ 個人事業主などは特別加入できる

本来、労災保険が適用されない会社の代表者や個人事業主などであっても、現実の就労実態から考えて一定の要件に該当する場合には、特別に労災保険から補償を受けることができます。この制度を特別加入といいます。特別加入することができる者は、以下の①～③の3種類に分けられています。

① 第1種特別加入者

中小企業の事業主（代表者）とその家族従事者、その会社の役員が第1種特別加入者となります。ただ、中小企業（事業）の範囲を特定するために常時使用する労働者の数に制限があり、業種によって図（次ページ）のように異なります。

第1種特別加入者として特別加入するためには、ⓐその者の事業所が労災保険に加入しており、労働保険事務組合に労働保険事務を委託

していること、ⓑ家族従事者も含めて加入すること、が必要です。

② **第2種特別加入者**

第2種特別加入者はさらに、ⓐ一人親方等、ⓑ特定作業従事者の2種類に分かれています。

ⓐ **一人親方等**

個人タクシーや左官などの事業で、労働者を使用しないで行うことを常態としている者のことです。

ⓑ **特定作業従事者**

農業の従事者など、災害発生率の高い作業（特定作業）に従事している者が特定作業従事者となります。

第2種特別加入者の特別加入のための要件は、ⓐとⓑ共通で、所属団体が特別加入の承認を受けていることと、家族従事者も含めて加入すること、のいずれも満たす必要があります。

③ **第3種特別加入者**

海外に派遣される労働者（一時的な海外出張者を除く）については、日本国内の労災保険の効力が及ばないため、一定の条件を満たした場合に限り、第3種特別加入者として労災保険に加入する方法があります。海外派遣者が第3種特別加入者に該当するための要件は、派遣元の国内の事業について労災の保険関係が成立していることと、派遣元の国内の事業が有期事業でないことのいずれも満たすことです。

■ **第1種特別加入者として認められるための要件** ·····················

業　　　種	労働者数
金融業・保険業・不動産業・小売業	50人以下
卸売業・サービス業	100人以下
その他の事業	300人以下

書式1　特別加入申請書（一人親方等）

労働者災害補償保険　特別加入申請書（一人親方等）

帳票種別　**3 6 2 2 1**

◎裏面の注意事項を読んでから記載してください。
※印の欄は記載しないでください。（職員が記載します。）

① 申請に係る事業の労働保険番号

府県	所掌	管轄	基幹番号	枝番号
13	1	06	09876	5000

※受付年月日　　9 令和

②
特別加入団体

名称（フリガナ）	オオタケンセツギョウ　キョウドウクミアイ
名称（漢字）	大田建設業　協同組合
代表者の氏名	組合長　大森　智史
事業又は作業の種類	建設の事業

※特定業種区分

③ 特別加入予定者　加入予定者数　計 3 名　*この用紙に記載しきれない場合には、別紙に記載すること。

特別加入予定者	業務又は作業の内容	法第33条第3号に掲げる者との関係	除染作業	従事する特定業務	業務歴
フリガナ カマタ サブロウ 氏名 **鎌田 三郎** 生年月日 昭和49年4月20日	大工工事業	① 本人 （ 家族従事者）	① 有 無	1 粉じん 3 振動工具 5 鉛 7 有機溶剤 9 該当なし	最初に従事した年月 年 月 従事した期間の合計 年間 ヶ月 希望する給付基礎日額 14,000円
フリガナ サタケ ジュンイチ 氏名 **佐竹 淳一** 生年月日 昭和60年11月16日	舗装工事業	① 本人 5 家族従事者	① 有 無	1 粉じん 3 振動工具 5 鉛 7 有機溶剤 9 該当なし	最初に従事した年月 平成15年5月 従事した期間の合計 20年5ヶ月 希望する給付基礎日額 12,000円
フリガナ マセ ツヨシ 氏名 **間瀬 剛** 生年月日 平成17年2月4日	左官工事業	① 本人 5 家族従事者	① 有 無	1 粉じん 3 振動工具 5 鉛 7 有機溶剤 9 該当なし	最初に従事した年月 令和5年4月 従事した期間の合計 年間6ヶ月 希望する給付基礎日額 10,000円
フリガナ 氏名 生年月日 年 月 日		法第33条第3号に掲げる者との関係 1 本人 5 家族従事者	1 有 3 無	1 粉じん 3 振動工具 5 鉛 7 有機溶剤 9 該当なし	最初に従事した年月 年 月 従事した期間の合計 年間 ヶ月 希望する給付基礎日額 円
フリガナ 氏名 生年月日 年 月 日		法第33条第3号に掲げる者との関係 1 本人 5 家族従事者	1 有 3 無	1 粉じん 3 振動工具 5 鉛 7 有機溶剤 9 該当なし	最初に従事した年月 年 月 従事した期間の合計 年間 ヶ月 希望する給付基礎日額 円

④ 添付する書類の名称

団体の目的、組織、運営等を明らかにする書類	大田建設業　協同組合規約
業務災害の防止に関する措置の内容を記載した書類	大田建設業　協同組合災害防止規程

⑤ 特別加入を希望する日（申請日の翌日から起算して30日以内）　令和5年11月1日

上記のとおり特別加入の申請をします。

令和5年10月21日

東京　労働局長　殿

団体の	名称	大田建設業　協同組合
	主たる事務所の所在地	〒144-0004　電話（03）3444-4444　東京都大田区東蒲田4-8-1
	代表者の氏名	組合長　大森　智史

4 業務災害について知っておこう

業務遂行性と業務起因性によって判断する

■■ 業務災害は仕事中に起きた事故

　労災保険は、業務災害と通勤災害を対象としています。

　業務災害とは、労働者の仕事（業務）中に起きた事故によるケガ、病気、障害、死亡のことです。業務上の災害といえるかどうかは、労働者が事業主の支配下にある場合（=業務遂行性）、および、業務（仕事）が原因で災害が発生した場合（=業務起因性）、という2つの基準で判断されます。たとえば、以下のようなときに起こった災害が業務災害として認められ、その判断は労働基準監督署が行います（複数業務要因災害の場合は、複数の事業の業務上の負荷を総合的に評価します）。

① 労働時間中の災害

　仕事に従事している時や、作業の準備・後片付け中の災害は、原則として業務災害として認められます。

　また、用便や給水などによって業務が一時的に中断している間についても事業主の支配下にあることから、業務に付随する行為を行っているものとして取り扱い、労働時間に含めることになっています。

② 昼休みや休憩中など業務に従事していないときの災害

　事業所での休憩時間や昼休みなどの業務に従事していない時間については、社内（会社の敷地内）にいるのであれば、事業主の支配下にあるといえます。ただし、休憩時間などに業務とは関係なく行った行為は個人的な行為としてみなされ、その行為によって負傷などをした場合であっても業務災害にはなりません。

　なお、その災害が事業場の施設の欠陥によるものであれば、業務に従事していない時間の災害であっても、事業用施設の管理下にあるも

のとして、業務災害となります。

③　**出張中で事業所の外で業務に従事している場合**

　出張中は事業主の下から離れているものの、事業主の命令を受けて仕事をしているため、事業主の支配下にあります。したがって、出張中の災害については、ほとんどの場合は業務中に発生したものとして、業務災害となります。

　ただし、業務時間中に発生した災害であっても、その災害と業務との間に関連性が認められない場合は、業務遂行性も業務起因性も認められず、業務災害にはなりません。たとえば、就業時間中に脳卒中などが発症し転倒して負傷したケースなどが考えられます。脳卒中が業務に起因していると認定されなければ、たとえ就業時間中の負傷であっても業務災害にはなりません。

■■ 業務上の疾病には災害性疾病と職業性疾病がある

　業務上の疾病には、下図のように２種類があります。

　災害性疾病とは、事故による負傷が原因で疾病になるもの、または、事故による有害作用で疾病になるもののことです。

　一方、職業性疾病とは、長期間にわたり有害作用を受けることによって徐々に発病する疾病のことです。たとえば、じん肺症、頸肩腕症候群、潜水病、皮膚疾患、中皮腫などです。アスベスト（石綿）と中皮腫の関係はその典型例といえます。

■　**業務上の疾病**　┈┈┈┈┈┈┈┈┈┈┈┈┈┈┈┈┈┈┈┈┈┈┈┈┈┈┈┈┈┈┈┈┈

業務上の疾病	→ 災害性疾病	事故による負傷や有害作用により疾病になるもの (例)機械の使用による事故、足場からの転落など
	→ 職業性疾病	長期間にわたる有害作用を受けることにより徐々に発病する疾病のこと (例)じん肺症、中皮腫など

5 労災の補償内容について知っておこう

必要に応じた8つの給付がある

■■ 労災給付の手続き

業務災害と通勤災害は、給付の内容は基本的に変わりません。しかし、給付を受けるための手続きで使用する各提出書類の種類が異なります。

業務災害の保険給付には、療養補償給付、休業補償給付、障害補償給付、遺族補償給付、葬祭料、傷病補償年金、介護補償給付、二次健康診断等給付の8つがあります。

一方、通勤災害の保険給付には療養給付、休業給付、障害給付、遺族給付、葬祭給付、傷病年金、介護給付があります。

これらの保険給付の名称を見ると、業務災害には「補償」という2文字が入っていますが、通勤災害には入っていません。これは、業務災害については、労働基準法によって事業主に補償義務があるのに対して、通勤災害の場合は、事業主に補償義務がないためです。

業務災害の場合、休業補償給付は4日目から支給され、それまでの3日間（待期期間）については事業主が補償義務を負うため、労働基準法上の休業補償をしなければなりません。これに対して、通勤災害の場合、待期期間の3日間について補償の必要がありません。

■■ 申請手続きのしくみ

労災保険法に基づく保険給付等の申請ができるのは、本人またはその遺族です。しかし、労働者が自ら保険給付の申請その他の手続きを行うことが困難な場合は、事業主が手続きを代行することができます。

保険給付の中には傷病（補償）年金のように職権で支給の決定を行うものもありますが、原則として被災者または遺族の請求が必要です。

なお、労災の保険給付の請求には時効が設けられており、通常は2年以内、障害（補償）給付と遺族（補償）給付の場合は5年以内に、それぞれ被災労働者が所属する事業場の所在地を管轄する労働基準監督署長に対して行う必要があります。

　その上で、労働基準監督署は、必要な調査を実施し、労災認定がなされた場合は対象者に向けての給付が行われます。この場合、被災労働者などからの請求を受けて支給または不支給の決定をするのは労働基準監督署長です。

　労働基準監督署長が下した決定に不服がある場合は、都道府県労働局内の労働者災害補償保険審査官に審査請求をすることができます。

　そして、審査官の審査結果にさらに不服がある場合は、厚生労働省内の労働保険審査会に再審査請求ができます。さらに、労働保険審査会の裁決にも不服がある場合は、その決定の取消を求めて、裁判所に

■ 労災保険の給付内容 ……………………………………………………………

目的	労働基準法の災害補償では十分な補償が行われない場合に国（政府）が管掌する労災保険に加入してもらい、使用者の共同負担によって労働者への補償がより確実に行われるようにする	
対象	業務災害と通勤災害	
業務災害（通勤災害）給付の種類	療養補償給付（療養給付）	病院に入院・通院した場合の費用
	休業補償給付（休業給付）	療養のために仕事をする事ができず給料をもらえない場合の補償
	障害補償給付（障害給付）	傷病の治癒後に障害が残った場合に障害の程度に応じて補償
	遺族補償給付（遺族給付）	労災で死亡した場合に遺族に対して支払われるもの
	葬祭料（葬祭給付）	葬儀を行う人に対して支払われるもの
	傷病補償年金（傷病年金）	治療が長引き1年6か月経っても治らなかった場合に年金の形式で支給
	介護補償給付（介護給付）	介護を要する被災労働者に対して支払われるもの
	二次健康診断等給付	二次健康診断や特定保健指導を受ける労働者に支払われるもの

行政訴訟を起こすという流れになります。

■■■ 労災保険料率が下がるメリット制

　労災保険の保険料率は、業種別に詳細に定められています。たとえば、建設業などのように災害発生率が高い業種では、労災保険率は高く設定されています。一方、小売業などのように災害発生率が低い業種は、労災保険率は低く設定されています。

　しかし、同じ建設業の事業所の中でも、労働災害の発生していない事業所もあれば、過去に何度も労働災害が発生している事業所などがあり、各事業所間での労働災害の発生率には差があります。これは、同じ業種であっても、それぞれの事業主の労働災害防止の努力の度合いに応じて労働災害の発生率が異なるためです。

　そこで、労災保険の場合は、事業主の労働災害防止のための努力を労災保険率に反映させる「メリット制」という制度が設けられています。

　具体的には、一定限度まで労災の発生を抑えることができた事業主に対しては、労災保険の料率を下げる措置がとられます。一方、一定の割合以上労災が発生した事業主については労災保険料率を上げる措置がとられます。

■ メリット制 ‥‥‥‥‥‥‥‥‥‥‥‥‥‥‥‥‥‥‥‥‥‥‥‥

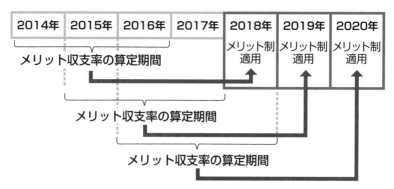

資料　労災保険の料率

労 災 保 険 率 表

（単位：1／1,000）　　　　　　　　　　　　　　　　　　　　　　　　　　　（平成 30 年 4 月 1 日改定）

事業の種類の分類	業種番号	事業の種類	労災保険率
林業	02又は03	林業	60
漁業	11	海面漁業（定置網漁業又は海面魚類養殖業を除く。）	18
	12	定置網漁業又は海面魚類養殖業	38
鉱業	21	金属鉱業、非金属鉱業（石灰石鉱業又はドロマイト鉱業を除く。）又は石炭鉱業	88
	23	石灰石鉱業又はドロマイト鉱業	16
	24	原油又は天然ガス鉱業	2.5
	25	採石業	49
	26	その他の鉱業	26
建設事業	31	水力発電施設、ずい道等新設事業	62
	32	道路新設事業	11
	33	舗装工事業	9
	34	鉄道又は軌道新設事業	9
	35	建築事業（既設建築物設備工事業を除く。）	9.5
	38	既設建築物設備工事業	12
	36	機械装置の組立て又は据付けの事業	6.5
	37	その他の建設事業	15
製造業	41	食料品製造業	6
	42	繊維工業又は繊維製品製造業	4
	44	木材又は木製品製造業	14
	45	パルプ又は紙製造業	6.5
	46	印刷又は製本業	3.5
	47	化学工業	4.5
	48	ガラス又はセメント製造業	6
	66	コンクリート製造業	13
	62	陶磁器製品製造業	18
	49	その他の窯業又は土石製品製造業	26
	50	金属精錬業（非鉄金属精錬業を除く。）	6.5
	51	非鉄金属精錬業	7
	52	金属材料品製造業（鋳物業を除く。）	5.5
	53	鋳物業	16
	54	金属製品製造業又は金属加工業（洋食器、刃物、手工具又は一般金物製造業及びめっき業を除く。）	10
	63	洋食器、刃物、手工具又は一般金物製造業（めっき業を除く。）	6.5
	55	めっき業	7
	56	機械器具製造業（電気機械器具製造業、輸送用機械器具製造業、船舶製造又は修理業及び計量器、光学機械、時計等製造業を除く。）	5
	57	電気機械器具製造業	2.5
	58	輸送用機械器具製造業（船舶製造又は修理業を除く。）	4
	59	船舶製造又は修理業	23
	60	計量器、光学機械、時計等製造業（電気機械器具製造業を除く。）	2.5
	64	貴金属製品、装身具、皮革製品等製造業	3.5
	61	その他の製造業	6.5
運輸業	71	交通運輸事業	4
	72	貨物取扱事業（港湾貨物取扱事業及び港湾荷役業を除く。）	9
	73	港湾貨物取扱事業（港湾荷役業を除く。）	9
	74	港湾荷役業	13
電気、ガス、水道又は熱供給の事業	81	電気、ガス、水道又は熱供給の事業	3
その他の事業	95	農業又は海面漁業以外の漁業	13
	91	清掃、火葬又はと畜の事業	13
	93	ビルメンテナンス業	5.5
	96	倉庫業、警備業、消毒又は害虫駆除の事業又はゴルフ場の事業	6.5
	97	通信業、放送業、新聞業又は出版業	2.5
	98	卸売業・小売業、飲食店又は宿泊業	3
	99	金融業、保険業又は不動産業	2.5
	94	その他の各種事業	3
	90	船舶所有者の事業	47

6 療養（補償）給付について知っておこう

ケガや病気をしたときの給付である

■■ 療養（補償）給付には現物給付と現金給付がある

　労働者が仕事中や通勤途中にケガをしたときや、仕事が原因で病気にかかって病院などで診療を受けたときは、療養（補償）給付が支給されます。療養（補償）給付には、①療養の給付、②療養の費用の支給、の2種類の方式で行うことが認められています。

① 療養の給付

　労災病院や指定病院などの診察を無料で受けることができます。つまり、治療の「現物給付」になります。なお、本書では、労災病院と指定病院などをまとめて、「指定医療機関」といいます。

② 療養の費用の支給

　業務災害や通勤災害で負傷などをした場合の治療は、指定医療機関で受けるのが原則です。

　しかし、負傷の程度によっては一刻を争うような場合もあり、指定医療機関ではない近くの病院などにかけ込むことがあります。指定医療機関以外の医療機関では、労災保険の療養の給付による現物給付（治療行為）を受けることができないため、被災労働者が治療費を実費で立替払いをすることになります。

　この場合、被災労働者が立て替えて支払った治療費は、後日、労災保険から「療養の費用」として現金で支給を受けることができます。つまり、療養の費用は、療養の給付に替わる「現金給付」ということです。

■■ 指定医療機関は変更（転院）することができる

　業務災害や通勤災害によって負傷したために労災保険の指定医療機

関で治療を受けた場合、１回の治療では足らず、その後も治療のために何回か通院する必要があるケースや、症状によっては入院しなければならないケースがあります。

　通院または入院することになった指定医療機関が自宅から近ければ問題はないものの、出張先で負傷して治療を受けた場合などのように指定医療機関が自宅から離れているときは、近くの指定医療機関に転院することができます。また、現在治療を受けている指定医療機関では施設が不十分なため、効果的な治療ができない場合などにも指定医療機関を変えることができます。

　指定医療機関を変更する場合は、変更後の指定医療機関を経由して所轄の労働基準監督署長に所定の届出を提出する必要があります。この届出を「療養補償給付及び複数事業労働者療養給付たる療養の給付を受ける指定病院等（変更）届」といいます。この届出を提出することで変更後の指定医療機関で引き続き労災保険による療養（補償）給付の現物給付（治療など）を受けることができます。

　なお、指定医療機関になっていない医療機関に転院する場合は、被災労働者のほうで治療費の全額をいったん立て替えて、後日、療養の費用の支給を受けます。

■ 労災から受けられる治療のための給付 ……………………………

療養（補償）給付 {
①療養の給付 … 現物給付
　→ 「治療行為」という現物をもらう

②療養の費用の支給 … 現金給付
　→ 後日かかった費用が支払われる
}

様式第５号（表面）　労働者災害補償保険

業務災害用
複数業務要因災害用

療養補償給付及び複数事業労働者
療養給付たる療養の給付請求書

裏面に記載してある注意
事項をよく読んだ上で、
記入してください。

標準字体	0 1 2 3 4 5 6 7 8 9 ゛゜ー
	ア イ ウ エ オ カ キ ク ケ コ サ シ ス セ ソ タ チ ツ テ ト ナ ニ ヌ
	ネ ノ ハ ヒ フ ヘ ホ マ ミ ム メ モ ヤ ユ ヨ ラ リ ル レ ロ ワ ン

※帳票種別　**3 4 5 9 0**　　　①管轄局署　　　②業通別 **1**　③保留 **1第1 3種／1全ﾚｾ 1全給付**　　処理区分　　　④受付年月日

標準字体で記入してください。

⑤労働保険番号　府県 所掌 管轄　基幹番号　枝番号
1 3 1 0 9 6 5 4 3 2 1 0 0 0
年金証書番号 記入欄

⑦支給・不支給決定年月日 ※

⑧性別 **1男 3女 1**　⑨労働者の生年月日 **5 6 0 0 6 1 0**（3元号 5昭和 7平成）　⑩負傷又は発病年月日 **9 0 5 0 7 1 9**（9大正 1明治 3昭和 5平成）

⑪再発年月日 ※

⑫労働者の シメイ（カタカナ）：姓と名の間は1文字あけて記入してください。濁点・半濁点は1文字として記入してください。
ア オ キ　ヒ カ ル

⑬三者 ※　⑭特疾 ※（1有 3無 1有第3 種 5傷病）　⑮特別加入者 ※（1有 2無 1特定 疾病）

労働者の

氏名　**青木　光**　（**38**歳）

⑯負傷又は発病の時刻
午前・午後 **9**時 **50**分頃

〒郵便番号 **151-0000**　フリガナ シブヤクシブヤ
住所　**渋谷区渋谷32-10**

⑰災害発生の事実を確認した者の職名、氏名
職名　**総務課長**
氏名　**西村一郎**

職種　**作業員**

⑱災害の原因及び発生状況　(あ)どのような場所で(い)どのような作業をしているときに(う)どのような物又は環境に(え)どのような不安全な又は有害な状態があって(お)どのような災害が発生したか(か)⑩と初診日が異なる場合はその理由を詳細に記入すること

新築工事現場で、建築資材を運んでいる最中に障害物につまづいて転倒し右手首を骨折してしまった。

⑳指定病院等の　名称　**東新宿病院**　電話（ 03 ）3456-7890
所在地　**新宿区東新宿3-5-2**　〒160-9999

㉑傷病の部位及び状態　**右手首骨折**

⑫の者については、⑩、⑰及び⑱に記載したとおりであることを証明します。　**5**年**7**月**23**日

事業の名称　**株式会社 東西建設**　電話（ 03 ）2468-1357
事業場の所在地　**東京都中央区中央1-1-1**　〒101-0101
事業主の氏名　**代表取締役　南川　次郎**
（法人その他の団体であるときはその名称及び代表者の氏名）

労働者の所属事業場の名称・所在地　電話（　）

（注意）　1　労働者の所属事業場の名称・所在地については、労働者が直接所属する事業場が一括適用の取扱いを受けている場合に、労働者が直接所属する支店、工事現場等を記載してください。
　2　派遣労働者について、療養補償給付又は複数事業労働者療養給付のみの請求がなされる場合にあっては、派遣先事業主は、派遣元事業主が証明する⑱の記載内容が事実と相違ない旨裏面に記載してください。

上記により療養補償給付又は複数事業労働者療養給付たる療養の給付を請求します。　**5**年**7**月**31**日

中央　労働基準監督署長　殿

〒**151-0000**　電話（ 03 ）3111-4222
請求人の　住所　**渋谷区渋谷32-10**　（　方）
東新宿　病院 診療所 薬局 経由 訪問看護事業者
氏名　**青木　光**

支不支給決定決議書	署長	副署長	課長	係長	係	決定年月日	・　・
						不支給の理由	
	調査年月日	・　・					
	復命書番号	第　号 第　号 第　号					

※印の欄は記入しないでください。（職員が記入します）

標準字体で記入してください。

折り曲げる場合には◀の所を谷に折りさらに2つ折りにしてください。

（この欄は記入しないでください）

書式３　療養補償給付たる療養の費用請求書

(リ) 労働者の 所属事業場の 名称・所在地	株式会社 東西建設 中央区中央1-1-1	(ヌ) 負傷又は発病の時刻	年(前) 9 時 50分頃	(ル) 災害発生の 事実を確認 した者の	職名 総務課長 氏名 西村 一郎

(ヲ)災害の原因及び発生状況　(あ)どのような場所で(い)どのような作業をしているときに(う)どのような物は環境に(え)どのような不安全な又は有害な状態があって(お)
どのような災害が発生したか(か)⑦と初診日が異なる場合はその理由を詳細に記入すること

新築工事現場内で、建築資材を運んでいる最中に障害物につまづいて転倒し右手首を骨折してしまった。

療養の内訳及び金額

診療内容		点数(点)	診療内容	金額	摘要
初診 時間外・休日・深夜			初診	円	
再診 外来診療料	× 回		再診 回	円	
継続管理加算	× 回		指導 回	円	
外来管理加算	回		その他	円	
時間外	× 回		食事(基準)		
休日	× 回		円× 日間	円	
深夜	× 回		円× 日間	円	
指導			円× 日間	円	
在宅 往診	回				
夜間	回		小計 ②	円	
緊急・深夜	回				
在宅患者訪問診療	回	摘 要			
その他					
薬剤					
投薬 内服 薬剤	単位				
調剤	× 回				
屯服 薬剤	単位				
外用 薬剤	単位				
調剤	× 回				
処方	× 回				
麻毒	回				
調基					
注射 皮下筋肉内	回				
静脈内	回				
その他	回				
処置					
薬剤					
手術 麻酔	回				
薬剤					
検査	回				
薬剤					
画像 診断	回				
薬剤					
その他 処方せん	回				
薬剤					
入院 入院年月日 年 月 日					
病・診・衣 入院基本料・加算	× 日間				
	× 日間				
	× 日間				
	× 日間				
特定入院料・その他					
小計 点 ①			合計金額 円 ①+②		

(注 意)

一、共通の注意事項
(一)　この用紙に記入する場合には、該当する事項を○で囲むこと。
(二)　事項を選択する場合には、該当する事項を○で囲むこと。
(三)　⑧(ヲ)は、災害発生の事実を確認した者を記載すること。
(四)　③初診に発した者又は複数事業労働者傷病年金の受給者が当該傷病に係る療養の費用を請求する場合の注意事項

二、③(ヌ)及び(ル)について
(一)　⑧(ヌ)及び(ル)については、最初の療養の際に記載すること。

三、複数事業労働者療養給付の請求は、療養補償給付の支給決定がなされた場合、通つて請求されなかつたものとみなすこと。

派遣先事業 主証明欄	派遣元事業主が証明する事項(表面の⑦並びに(ヌ)及び(ヲ))の記載内容について事実と相違ないことを証明します。			
	事業の名称		電話（ ）－	
年 月 日	事業場の所在地		〒 －	
	事業主の氏名			
	(法人その他の団体であるときはその名称及び代表者の氏名)			

社会保険 労務士 記載欄	作成年月日・提出代行者・事務代理者の表示	氏 名	電 話 番 号
			（ ）－

7 休業（補償）給付について知っておこう

会社などを休んだ場合の収入の補償である

■■ 休業（補償）給付は所得補償として支給される

　労働者が仕事中や通勤途中の災害で働くことができず、収入が得られない場合には、労災保険から休業（補償）給付の支給を受けることができます。

　休業（補償）給付は、療養中の労働者の生活保障（所得補償）を目的として支給されるものです。休業（補償）給付の支給額は、給付基礎日額の6割が支給されます。また、休業（補償）給付に加えて給付基礎日額の2割の特別支給金が支給されるため、合計としては給付基礎日額の8割の金額が被災労働者に支給されます。

　給付基礎日額は、その事業場で支払われている賃金額をもとにして決定されますが、複数事業労働者（事業主が同一ではない複数の事業場に同時に使用されている労働者）については、災害が起こった事業場の賃金額だけで給付基礎日額が決定されるのではなく、それぞれの事業場で支払われている賃金額を合算した金額をもとにして給付基礎日額が決定され、その6割が支給されることになります。

休業（補償）給付 ＝ 給付基礎日額（複数事業労働者については、複数就業先に係る給付基礎日額に相当する額を合算した額）の60％× 休業日数

休業特別支給金 ＝ 給付基礎日額（複数事業労働者については、複数就業先に係る給付基礎日額に相当する額を合算した額）の20％ × 休業日数

■■ 1日のうち一部分だけ働く場合

　被災労働者の負傷の程度によっては、1日の所定労働時間のうち一部分だけ働き、その分について賃金の支給を受けることができる場合があります。そのような場合、休業（補償）給付の支給額が減額支給されます。

　1日のうち一部分だけ働いて賃金の支払いを受けた場合の支給額は、1日当たり「（給付基礎日額－労働に対して支払われる賃金額）×60％」という式によって算出します。

　たとえば、給付基礎日額が1日1万円の労働者が被災した場合の休業（補償）給付を計算します。この労働者が午前中のみ働いて5,000円の賃金を受けることができた場合、労災保険は1日当たり3,000円（＝（10,000円－5,000円）×60％）が支給されます。なお、複数事業労働者は、各事業場での判断になります。

■■ 3日間の待期期間がある

　休業（補償）給付は、療養のため労働することができずに賃金を受けられない日の4日目から支給されます。療養のため労働することが

■ 休業（補償）給付のしくみ（一の事業場にのみ使用されている労働者の場合）

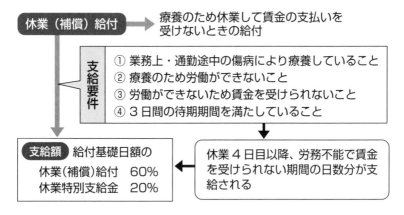

できなかった最初の3日間を待期期間（待機ではなく待期）といい、休業（補償）給付の支給がありません。待期期間は連続している必要はなく、通算して3日間あればよいことになっています。待期期間の3日間については、業務災害の場合、事業主に休業補償の義務があります。複数事業労働者の場合は、被災した事業場の事業主の義務になります。

待期期間の3日間を数えるにあたり、労働者が所定労働時間内に被災し、かつ被災日当日に療養を受けた場合は、被災日当日を1日目としてカウントします。しかし、所定労働時間外の残業時間中などに被災した場合は、たとえ被災日当日に療養を受けたとしても被災日の翌日を1日目とします。

なお、休業（補償）給付の受給中に退職した場合は、要件を充たす限り支給が続きます。ただ、療養の開始後1年6か月が経った時点でその傷病が治っていない場合には、傷病（補償）年金に切り替えられる場合があります。

また、事業所では業務災害によって労働者が死亡し、または休業したときは、「労働者死傷病報告書」という書類を所轄労働基準監督署に提出しなければなりません。

■ **複数事業労働者の賃金額合算** ……………………………………………

災害発生事業場であるA社のみではなく、B社の賃金額も合算して計算する

▇▇▇ 給付基礎日額は労働者の1日当たりの稼得能力

　労災保険の休業（補償）給付を算出する場合に計算の基礎とした労働者の賃金の平均額を給付基礎日額といいます。給付基礎日額は労働者の一生活日（休日なども含めた暦日のこと）当たりの稼得能力を金額で表したものです。給付基礎日額とは、通常、次の①の原則の計算方法によって算出された平均賃金に相当する額のことです。ただ、原則の計算方法で給付基礎日額を計算することが不適切な場合は、①以外の②〜⑤のいずれかの方法によって計算することになります。

①　原則の計算方法

　事故が発生した日以前3か月間にその労働者に実際に支払われた賃金の総額を、その期間の暦日数で割った金額です。ただ、賃金締切日があるときは、事故が発生した直前の賃金締切日からさかのぼった3か月間の賃金総額になります。

②　最低保障平均賃金

　労働者の賃金が日給、時間給、出来高給の場合は、平均賃金算定期間内に支払われた賃金総額を、その期間中に実際に労働した日数（有給休暇を含みます）で割った額の60％の額と①の原則の計算方法で計算した額のいずれか高いほうの額となります。

③　原則の計算方法と最低保障平均賃金の混合した平均賃金

　賃金の一部が月給制で、その他に時給制で支給されている賃金がある場合などに用いる計算方法です。月給制の賃金は①の原則の計算方法で計算し、時給制などの賃金は②の最低保障平均賃金で計算します。そして、両方の額を合算した額と①の原則の計算方法で計算した額とを比較して、高いほうの額を給付基礎日額とします。

④　算定期間中に私傷病による休業期間がある場合

　私傷病によって休業した期間の「日数」とその休業期間中に支払われた「賃金額」を控除して算定した額と、①の原則の計算方法で計算した額を比較していずれか高いほうの額を給付基礎日額とします。

⑤ 給付基礎日額の最低保障額

　算定された給付基礎日額が4,020円（令和5年8月1日から支給事由が生じたもの）に満たない場合は、4,020円が給付基礎日額になります。

■ 給付基礎日額 ………………………………………………………………

【原則式】…賃金締切日が 20 日の場合

| 3/20 | 暦日数 31日 | 4/20 | 暦日数 30日 | 5/20 | 暦日数 31日 | 6/20 | 事故日7/3 | 7/20 |

| 3月分賃金 25万円 | 4月分賃金 28万円 | 5月分賃金 33万円 | 6月分賃金 31万円 | 7月分賃金 29万円 |

事故が発生した直前の賃金締切日からさかのぼって3か月間の賃金で計算する

$$① \quad 給付基礎日額 = \frac{4月賃金総額 + 5月賃金総額 + 6月賃金総額}{3か月の暦日数}$$

$$= \frac{28万円 + 33万円 + 31万円}{31日 + 30日 + 31日} = 10,000円※$$

※4,020円に満たない場合は4,020円とする

【最低保障平均賃金】…労働者が日給、時給、出来高払給の場合

$$② \quad 給付基礎日額 = \frac{4月賃金総額 + 5月賃金総額 + 6月賃金総額}{上記3か月で実際に労働した日数（有給休暇を含む）} × 60\%$$

①と②の高い方を給付基礎日額とする

月給制の賃金と時給制の賃金が混在する場合

賃金	基本給(時給)	1,000円/時	②で計算
	時間外手当	1,250円/時	
	皆勤手当	5,000円/月	①で計算
	通勤手当	4,100円/月	

この①、②の合計とすべて①で計算した場合の額を比較し、高い方を採用する

様式第８号（表面）

労働者災害補償保険
休業補償給付支給請求書
複数事業労働者休業給付支給請求書　第　回
休業特別支給金支給申請書（同一傷病分）

業務災害用
複数業務要因災害用

標準字体　0 1 2 3 4 5 6 7 8 9 ゛゜ ー
ア イ ウ エ オ カ キ ク ケ コ サ シ ス セ ソ タ チ ツ テ ト ナ ニ ヌ
ネ ノ ハ ヒ フ ヘ ホ マ ミ ム メ モ ヤ ユ ヨ ラ リ ル レ ロ ワ ン

※ 帳票種別
3 4 3 6 0

① 管轄局署

③ 新継再別

④ 受付年月日

⑥ 業通号 1

⑧三者コード ⑩口票コード ⑪特別加入者

⑰ 平均賃金
十万 千 百 十 円 ・ 十 銭

⑱ 特別給与の額
千万 百万 十万 万 千 百 十 円

⑭日数査定
1賃質
3傷病

⑮支給・休止支給 ⑯特別コード

②労働保険番号
府県 所掌 管轄 基幹番号 枝番号
1 3 1 0 9 1 2 3 4 5 6 0 0 0

⑤労働者の性別 (男 35) 1

⑥労働者の生年月日
5 5 0 0 2 1 0

⑫労働者氏名
シメイ（カタカナ）ミ ナ ミ タ゛　マ ナ フ゛

南田 学　（48歳）

⑦負傷又は発病年月日
9 0 5 0 8 1 0

② 郵便番号 151-0000
⑫ の 住 所　渋谷区代官山町4−5−3

⑲ 療養のため労働できなかった期間
9 0 5 0 8 1 0 から 9 0 5 0 9 0 9 まで 31 日間のうち 31 日

療養を受けなかった日の数 31

㉓預金の種類 1

㉔口座番号
1 2 3 4 5 6 7

新規・変更

振込を希望する金融機関の名称
メイギニン（カタカナ）ミ ナ ミ タ゛　マ ナ フ゛

東都　渋谷

（つづき）メイギニン（カタカナ）

口座名義人　南田 学

⑫の者については、⑦、⑲、②、②から②まで（②の（ハ）を除く。）及び別紙2に記載したとおりであることを証明します。

5 年 8月23日

事業の名称　株式会社 東西建設　電話(03)2468-1357
事業場の所在地　中央区中央1−1−1　〒 101-0101
事業主の氏名　代表取締役 南川 次郎
（法人その他の団体であるときはその名称及び代表者の氏名）

労働者の直接所属
事業場名称所在地　　　　　　　　電話(　　)　　−

1回目の請求おは、必ず記入すること。

死傷病報告提出年月日　5 年 8 月 15 日

㉘傷病の部位及び傷病名　右手首骨折

㉙ 療養の期間　5 年 8 月 10日から 5 年 9 月 9 日まで 31 日間 診療実日数 15 日

傷病の経過
㉚療養の現況 5 年 9 月 9 日 治癒（症状固定）・死亡・転医・中止（継続中）
㉛療養のため労働することができなかったと認められる期間
5 年 8 月 10日から 5 年 9 月 9 日まで 31 日間のうち 31 日

⑫の者については、㉓から㉛までに記載したとおりであることを証明します。

5 年 9 月 9 日

〒 160-9999　電話(03)3456-7890
病院又は診療所の
所 在 地　新宿区東新宿3−5−2
名 称　東新宿病院
診療担当者氏名　医師 本村 一郎

上記により休業補償給付又は複数事業労働者休業給付の支給を請求します。
休業特別支給金の支給を申請します。

5 年 9 月11日

中央 労働基準監督署長 殿

〒 150-0000　電話(03)3111-4222
住所 渋谷区代官山町4−5−3（　　方）
氏名　南田 学

様式第8号(裏面)

〔注　意〕

㉜ 労働者の職種	㉝負傷又は発病の時刻	㉞平均賃金(算定内訳別紙1のとおり)
作業員	午前 9 時 00 分頃	10,197 円 80 銭
㉟所定労働時間	午前 9 時00 分から午後 5 時00 分まで	休業補償給付額、休業特別支給金額の改定比率 （平均給与額証明書のとおり）

㊱災害の原因、発生状況及び発生当日の就労・療養状況
(あ)どのような場所で(い)どのような作業をしているときに(う)どのような物又は環境に(え)どのような不安全な又は有害な状態があって(お)どのような災害が発生したか(か)㋐と初診日と災害発生日が同じ場合は当日所定労働時間内に通院したか、㋐と初診日が異なる場合はその理由を詳細に記入すること

新築工事現場内で、建築資材を運んでいる最中に障害物に
つまづいて転倒し、右手首を骨折してしまった。

㊲ 厚生年金保険等の受給関係

(イ) 基礎年金番号			(ロ)被保険者資格の取得年月日		年 月 日
(ハ) 当該傷病に関して支給される年金の種類等	年　金　の　種　類	厚生年金保険法の	イ 障害年金 ロ 障害厚生年金		
		国民年金法の	ハ 障害年金 ニ 障害基礎年金		
		船員保険法の	ホ 障害年金		
	障　害　等　級				級
	支給される年金の額				円
	支給されることとなった年月日			年 月 日	
	基礎年金番号及び厚生年金等の年金証書の年金コード				
	所轄年金事務所等				

㊳その他就業先の有無		
有 無	有の場合のその数 (ただし表面の事業場を含まない)	社
有の場合でいずれかの事業場で特別加入している場合の特別加入状況 (ただし表面の事業を含まない)	労働保険事務組合又は特別加入団体の名称	
	加入年月日	年 月 日
	給付基礎日額	円
	労働保険番号（特別加入）	

一、所定労働時間後に負傷した場合には、㉝欄に負傷した日を除いて記載してください。

二、㉞欄の「賃金の算定方法は、別紙1に記載してください。

三、㊴及び㊱欄については、当該傷病の療養のため所定労働時間中に業務外の傷病の療養を受けた場合に、その時間数及びその期間中の賃金の額を証明することができる書類その他の資料を添付してください。

四、㉞欄の「その他就業先の有無」で「有」に○を付けた場合に、別紙2として、その就業先ごとに記載してください。その際、その他就業先ごとに様式第8号の別紙1及び別紙2を作成し、併せて提出してください。

五、請求人（申請人）が特別加入者であるときは、㉞欄から㊲欄まで及び㊳欄は記載する必要はありません。

六、第三回目以後の請求（申請）の場合には、㉝、㉞、㊱から㊳欄までは記載する必要はありません。

七、㊳欄の「その他就業先の有無」欄の記載がない場合又は複数就業していない場合は、④欄の記載は必要ありません。

八、㊳欄の「その他就業先の有無」欄で複数就業している場合の請求（申請）の場合、その他就業先ごとに様式第8号の別紙1及び別紙2を作成し、併せて提出してください。

九、㊳欄の「その他就業先の有無」欄の記載がない場合又は複数就業していない場合は記載する必要はありません。

十、休業特別支給金の支給の申請のみを行う場合は、㉞欄の「平均賃金算定内訳」は付する必要はありません。

社会保険労務士記載欄	作成年月日・提出代行者・事務代理者の表示	氏　　名	電話番号 ( ) ―

様式第8号（別紙1）（表面）

労　働　保　険　番　号					氏　　　名	災害発生年月日
府県	所掌	管轄	基幹番号	枝番号	南田　学	5 年 8 月 10 日
1 3	0 9	1	2 3 4 5 6	0 0 0		

平均賃金算定内訳

（労働基準法第12条参照のこと。）

雇 入 年 月 日	平成19年 12 月 1 日	常用・日雇の別	常 用・日 雇
賃 金 支 給 方 法	月給・週給・日給・時間給・出来高払制・その他請負制	賃金締切日	毎月 20 日

<table>
<tr><td rowspan="7" style="writing-mode:vertical-rl">A</td><td rowspan="7" style="writing-mode:vertical-rl">月・週その他一定の期間によって支払ったもの</td><td colspan="2">賃 金 計 算 期 間</td><td>4 月 21 日から
5 月 20 日まで</td><td>5 月 21 日から
6 月 20 日まで</td><td>6 月 21 日から
7 月 20 日まで</td><td colspan="2">計</td></tr>
<tr><td colspan="2">総 日 数</td><td>30 日</td><td>31 日</td><td>30 日</td><td>(イ)</td><td>91 日</td></tr>
<tr><td rowspan="5" style="writing-mode:vertical-rl">賃
金</td><td>基 本 賃 金</td><td>270,000 円</td><td>270,000 円</td><td>270,000 円</td><td colspan="2">810,000 円</td></tr>
<tr><td>職務 手当</td><td>20,000</td><td>20,000</td><td>20,000</td><td colspan="2">60,000</td></tr>
<tr><td>残業 手当</td><td>10,000</td><td>10,000</td><td>10,000</td><td colspan="2">30,000</td></tr>
<tr><td></td><td></td><td></td><td></td><td colspan="2"></td></tr>
<tr><td>計</td><td>300,000 円</td><td>300,000 円</td><td>300,000 円</td><td>(ロ)</td><td>900,000 円</td></tr>
</table>

<table>
<tr><td rowspan="7" style="writing-mode:vertical-rl">B</td><td rowspan="7" style="writing-mode:vertical-rl">日若しくは時間又は出来高払制その他の請負制によって支払ったもの</td><td colspan="2">賃 金 計 算 期 間</td><td>4 月 21 日から
5 月 20 日まで</td><td>5 月 21 日から
6 月 20 日まで</td><td>6 月 21 日から
7 月 20 日まで</td><td colspan="2">計</td></tr>
<tr><td colspan="2">総 日 数</td><td>30 日</td><td>31 日</td><td>30 日</td><td>(イ)</td><td>91 日</td></tr>
<tr><td colspan="2">労 働 日 数</td><td>19 日</td><td>21 日</td><td>21 日</td><td>(ハ)</td><td>61 日</td></tr>
<tr><td rowspan="4" style="writing-mode:vertical-rl">賃
金</td><td>基 本 賃 金</td><td>円</td><td>円</td><td>円</td><td colspan="2">円</td></tr>
<tr><td>残業 手当</td><td>12,000</td><td>9,000</td><td>7,000</td><td colspan="2">28,000</td></tr>
<tr><td>手当</td><td></td><td></td><td></td><td colspan="2"></td></tr>
<tr><td>計</td><td>12,000 円</td><td>9,000 円</td><td>7,000 円</td><td>(ニ)</td><td>28,000 円</td></tr>
</table>

総　　　　　計	312,000 円	309,000 円	307,000 円	(ホ)	928,000 円
平 均 賃 金	賃金総額(ホ)928,000円÷総日数(イ) 91 ＝10,197 円 80 銭				

最低保障平均賃金の計算方法
Aの(ロ) 900,000 円÷総日数(イ) 91 ＝ 9,890 円 11 銭(ヘ)
Bの(ニ) 28,000 円÷労働日数(ハ) 61 × $\frac{60}{100}$ ＝ 275 円 41 銭(ト)
(ヘ) 9,890 円 11 銭＋(ト) 275 円41 銭＝ 10,165 円 52 銭（最低保障平均賃金）

日々雇い入れら れる者の平均賃 金（昭和38年労 働省告示第52号 による。）	第1号又 は第2号 の場合	賃 金 計 算 期 間	(ル) 労働日数又は 労働総日数	(ヲ) 賃 金 総 額	平均賃金(ヲ)÷(ル)×$\frac{73}{100}$
		月 日から 月 日まで	日	円	円 銭
	第3号の 場合	都道府県労働局長が定める金額			円
	第4号の 場合	従事する事業又は職業			
		都道府県労働局長が定めた金額			円

漁業及び林業労 働者の平均賃金 （昭和24年労働 省告示第5号第 2条による。）	平均賃金協定額の 承 認 年 月 日	年 月 日 職種	平均賃金協定額	円

① 賃金計算期間のうち業務外の傷病の療養等のため休業した期間の日数及びその期間中の賃金を業務
上の傷病の療養のため休業した期間の日数及びその期間中の賃金とみなして算定した平均賃金
（賃金の総額(ホ)－休業した期間にかかる②の(リ)） ÷ （総日数(イ)－休業した期間②の(チ)）
（ 円－ 円）÷（ 日－ 日）＝ 円 銭

※様式第8号（別紙1）の（裏面）は省略

8 傷病手当金について知っておこう

3日間の待期期間が必要である

■ 業務外の病気やケガで就業できない場合に支給される

業務中や通勤途中で病気やケガをした場合は、労災保険から補償を受けることになりますが、業務外の病気やケガで働くことができなくなり、その間の賃金を得ることができない場合は、健康保険から傷病手当金が支給されます。

傷病手当金の給付を受けるためには、療養のために働けなくなり、その結果、連続して3日以上休んでいたことが要件となります。ただし、業務外の病気やケガといっても美容整形手術で入院したなどで傷病手当金の支給要件を満たしたとしても、療養の対象とならないため傷病手当金は支給されません。

「療養のため」とは、療養の給付を受けたという意味だけではなく、自分で病気やケガの療養を行った場合も含みます。「働くことができない」状態とは、病気やケガをする前にやっていた仕事ができないことを指します。なお、軽い仕事だけならできるが以前のような仕事はできないという場合にも、働くことができない状態にあたります。

■ 支給までには3日の待期期間がある

傷病手当金の支給を受けるには、連続して3日間仕事を休んだことが要件となりますが、この3日間はいつから数える（起算する）のかを確認する必要があります。

3日間の初日（起算日）は、原則として病気やケガで働けなくなった日です。たとえば、就業時間中に業務とは関係のない事由で病気やケガをして働けなくなったときは、その日が起算日となります。また、

就業時間後に業務とは関係のない事由で病気やケガをして働けなくなったときは、その翌日が起算日となります。

　休業して４日目が傷病手当金の支給対象となる初日となり、それより前の３日間については傷病手当金の支給がないため「待期の３日間」と呼びます。待期の３日間には、会社などの公休日や有給休暇も含みます。この３日間は必ず連続している必要があります。

■■ 傷病手当金は通算して１年６か月まで支給される

　傷病手当金の支給額は、１日につき標準報酬日額の３分の２相当額です。ただ、会社などから賃金の一部が支払われたときは、傷病手当金と支払われた賃金との差額が支払われます。

　標準報酬日額とは、支給開始日以前12か月間の標準報酬月額を平均した額の30分の１の額です。また、傷病手当金の支給期間は、出勤した日は含まずに、欠勤した日のみを通算して１年６か月です。ただし、支給開始日が令和２年（2020年）７月２日以降のものからが対象となり、支給開始日が令和２年７月１日以前のものについては、出勤した日も含めて１年６か月となります。なお、支給期間は、支給を開始した日からの暦日数で数えます。そして、その１年６か月間のうち実際に傷病手当金が支給されるのは、労務不能で就業できない日です。

■ 傷病手当金の支給期間 ……………………………………………

支給開始日

待期期間 （３日間）	欠勤 （傷病手当金受給）	出勤	欠勤 （傷病手当金受給）	出勤	欠勤 （傷病手当金受給）

支給開始日から通算して１年６か月まで

６か月　　６か月　　６か月

健康保険 傷病手当金 支給申請書

1 2 3 4 ページ

被保険者記入用

傷

被保険者が病気やケガのため仕事に就くことができず、給与が受けられない場合の生活保障として、給付金を受ける場合にご使用ください。
なお、記入方法および添付書類等については「記入の手引き」をご確認ください。

被保険者証	記号（左づめ） 番号（左づめ）	生年月日

記号：7 1 0 1 0 2 0 3　番号：1 3

生年月日：1（1.昭和 2.平成 3.令和）6 1 年 0 1 月 3 1 日

氏名（カタカナ） ホンジ ョ ウ　タカシ

姓と名の間は1マス空けてご記入ください。濁点（゛）、半濁点（゜）は1字としてご記入ください。

氏名 本上　貴志

※申請者はお勤めされている（いた）被保険者です。
被保険者がお亡くなりになっている場合は、
相続人よりご申請ください。

郵便番号（ハイフン除く） 1 1 0 0 0 0 1

電話番号（左づめハイフン除く） 0 3 3 3 3 3 1 1 1 1

住所 東京 ㊞（都 道 府 県）目黒区東7－3－19

振込先指定口座は、上記申請者氏名と同じ名義の口座をご指定ください。

金融機関名称 東西　（銀行 金庫 信組 農協 漁協 その他（　　　））

支店名 目黒駅前　（本店 支店 代理店 出張所 本店営業部 本所 支所）

預金種別 1　普通預金

口座番号（左づめ） 1 2 3 4 5 6 7

ゆうちょ銀行の口座へお振り込みを希望される場合、支店名は3桁の漢数字を、口座番号は振込専用の口座番号（7桁）をご記入ください。
ゆうちょ銀行口座番号（記号・番号）ではお振込できません。

2ページ目に続きます。 》》》

被保険者証の記号番号が不明の場合は、被保険者のマイナンバーをご記入ください。
（記入した場合は、本人確認書類等の添付が必要となります。）　▶

社会保険労務士の提出代行者名記入欄

— 以下は、協会使用欄のため、記入しないでください。—

MN確認（被保険者）	1. 記入有（添付あり） 2. 記入有（添付なし） 3. 記入無（添付あり）				受付日付印

添付書類	職歴	1. 添付 2. 不備	年金	1. 添付 2. 不備	労災	1. 添付 2. 不備
	戸籍（法定代理）	1. 添付	口座証明	1. 添付		

6 0 1 1 1 1 0 1

その他　1. その他（理由）

枚数

（2023.3）

全国健康保険協会
協会けんぽ

1 / 4

健康保険 傷病手当金 支給申請書

被保険者記入用

被保険者氏名	本 上 貴 志

申請内容

① 申請期間
（療養のために休んだ期間）

令和 `0` `5` 年 `0` `7` 月 `0` `1` 日 から
令和 `0` `5` 年 `0` `8` 月 `3` `1` 日 まで

② 被保険者の仕事の内容
（退職後の申請の場合は、退職前の仕事の内容）

建設工事等の営業（ルート回り）

③ 傷病名

☑ 療養担当者記入欄（4ページ）に記入されている傷病による申請である場合は、左記に☑を入れてください。
別傷病による申請を行う場合は、別途その傷病に対する療養担当者の証明を受けてください。

④ 発病・負傷年月日

`2` 1.平成 2.令和 `0` `5` 年 `0` `7` 月 `0` `1` 日

⑤ ⑤-1 傷病の原因

`1` 1.仕事中以外（業務外）での傷病 2.仕事中（業務上）での傷病 3.通勤途中での傷病 } ➡ ⑤-2へ

⑤-2 労働災害、通勤災害の認定を受けていますか。

1.はい
2.請求中（_____労働基準監督署）
3.未請求

⑥ 傷病の原因は第三者の行為（交通事故やケンカ等）によるものですか。

`2` 1.はい 2.いいえ 「1.はい」の場合は、別途「第三者行為による傷病届」をご提出ください。

確認事項

報酬

①-1 申請期間（療養のために休んだ期間）に報酬を受けましたか。

`2` 1.はい ➡ ①-2へ 2.いいえ

①-2 ①-1を「はい」と答えた場合、受けた報酬は事業主証明欄に記入されている内容のとおりですか。

1.はい
2.いいえ ➡ 事業主へご確認のうえ、正しい証明を受けてください。

年金受給

②-1 障害年金、障害手当金について
今回傷病手当金を申請するものと同一の傷病で「障害厚生年金」または「障害手当金」を受給している場合は、傷病手当金の額を調整します。

`2` 1.はい ➡ ②-3へ 2.いいえ 「1.はい」の場合

②-2 老齢年金等について
※退職等による健康保険資格の喪失後の期間について、傷病手当金を申請する場合は記入してください。
老齢または退職を事由とする公的年金を受給しています。（公的年金を受給している場合は、傷病手当金の額を調整します。）

`2` 1.はい ➡ ②-3へ 2.いいえ 「1.はい」の場合

②-3 ②-1または②-2を「はい」と答えた場合のみ、ご記入ください。

基礎年金番号								–						

年金コード
支給開始年月日 1.平成 2.令和 年 月 日
年金額 円（右づめ）

労災補償

③ 今回の傷病手当金を申請する期間において、別傷病により、労災保険から休業補償給付を受給していますか。

`3` 1.はい 2.請求中（_____労働基準監督署） 3.いいえ 「1.はい」の場合「2.請求中」の場合

『健康保険傷病手当金支給申請書記入の手引き』をご確認ください。

「事業主記入用」は3ページ目に続きます。 »»

`6` `0` `1` `2` `1` `1` `0` `1`

全国健康保険協会
協会けんぽ

健康保険 傷病手当金 支給申請書　事業主記入用

労務に服することができなかった期間（申請期間）の勤務状況および賃金支払い状況等をご記入ください。

被保険者氏名（カタカナ）	ホ ン ジ ョ ウ　タ カ シ

姓と名の間は1マス空けてご記入ください。濁点（゛）、半濁点（゜）は1字としてご記入ください。

勤務状況 2ページの申請期間のうち出勤した日付を【○】で囲んでください。「年」「月」については出勤の有無に関わらずご記入ください。

令和 0 5 年 0 7 月
1 2 3 4 5 6 7 8 9 10 11 12 13 14 15
16 17 18 19 20 21 22 23 24 25 26 27 28 29 30 31

令和 0 5 年 0 8 月
1 2 3 4 5 6 7 8 9 10 11 12 13 14 15
16 17 18 19 20 21 22 23 24 25 26 27 28 29 30 31

令和 　年 　月
1 2 3 4 5 6 7 8 9 10 11 12 13 14 15
16 17 18 19 20 21 22 23 24 25 26 27 28 29 30 31

2ページの申請期間のうち、出勤していない日（上記【○】で囲んだ日以外の日）に対して、報酬等（※）を支給した日がある場合は、支給した日と金額をご記入ください。
※有給休暇の場合の賃金、出勤等の有無に関わらず支給している手当（扶養手当・住宅手当等）、食事・住居等現物支給しているもの等

							から					
例	令和	0 5 年	0 2 月	0 1 日	から	0 5 年	0 2 月	2 8 日	3 0 0 0 0 0 円
①	令和	年	月	日	から	年	月	日	円
②	令和	年	月	日	から	年	月	日	円
③	令和	年	月	日	から	年	月	日	円
④	令和	年	月	日	から	年	月	日	円
⑤	令和	年	月	日	から	年	月	日	円
⑥	令和	年	月	日	から	年	月	日	円
⑦	令和	年	月	日	から	年	月	日	円
⑧	令和	年	月	日	から	年	月	日	円
⑨	令和	年	月	日	から	年	月	日	円
⑩	令和	年	月	日	から	年	月	日	円

上記のとおり相違ないことを証明します。

事業所所在地　〒141-0000　東京都品川区五反田1−2−3

事業所名称　株式会社　緑建設

事業主氏名　代表取締役　鈴木　太郎

電話番号　03−3321−1123

令和 0 5 年 0 9 月 1 3 日

事業主が証明するところ

6 0 1 3 1 1 0 1

「療養担当者記入用」は4ページ目に続きます。≫≫≫

全国健康保険協会
協会けんぽ

(3 / 4)

患者氏名 (カタカナ)	ホ ン シ ゛ ョ ウ 　 タ カ シ

姓と名の間は1マス空けてご記入ください。濁点（゛）、半濁点（゜）は1字としてご記入ください。

労務不能と認めた期間 （勤務先での従前の労務 に服することができない 期間をいいます。）	令和 05 年 07 月 01 日 から 令和 05 年 08 月 31 日 まで

傷病名 （労務不能と認めた傷 病をご記入ください）	自律神経失調症	初診日 （療養の給付の開始 年月日）	2　1. 平成 2. 令和　05 年 07 月 01 日

発病または負傷の原因	

発病または負傷の 年月日	2　1. 平成 2. 令和　05 年 07 月 01 日

労務不能と認めた期間 に診療した日がありま したか。	1　1. はい 2. いいえ

療養担当者が意見を記入するところ

上記期間中における
「主たる症状及び経過」「治療内容、検査結果、療養指導」等

発汗異常・循環障害を発症。
投薬による治療を行う。

経過は良好で安定しつつあるものの、
依然として上記の症状が継続しているため、
自宅療養を要する。

上記のとおり相違ないことを証明します。　　　　令和 05 年 10 月 08 日

医療機関の所在地	東京都港区芝町１－１－１
医療機関の名称	港総合病院
医師の氏名	三田　太郎
電話番号	03－6767－0101

6 0 1 4 1 1 0 1

全国健康保険協会
協会けんぽ

（4 / 4）

240

9 労災で死亡したときの給付について知っておこう

残された遺族に対する給付金制度がある

■■ 労災が原因で死亡した時には遺族補償年金が支給される

労働者が業務災害や通勤災害で万一死亡した場合、残された遺族に遺族（補償）年金や遺族（補償）一時金が支給されます。

遺族の範囲は、民法などに規定されている相続人とは異なり、労働者の配偶者、子、父母、孫、祖父母、兄弟姉妹で、労働者によって生計を維持していた者が該当します。なお、それぞれ受給できる優先順位や年齢要件、障害要件があり、必ずしも受給できるわけではありません。

遺族数が1人の場合は、給付基礎日額の153日分が年金として支給されます。給付基礎日額の計算方法は、休業（補償）給付の場合と同じです。また、遺族補償年金を受ける遺族がいない場合には、一時金として給付基礎日額の1,000日分が、一時金の受給権のある遺族に対して支給されます。

遺族（補償）年金を請求する場合には、「遺族補償年金支給請求書」あるいは「遺族年金支給請求書」を所轄労働基準監督署に提出します。添付書類は、死亡診断書や、請求する人と労働者との身分関係を証明する書類などを添付します。

■■ 葬祭料は遺族や葬儀を行った者に支給される

葬祭料（葬祭給付）は、労働者が業務上または通勤途中に死亡した場合に、死亡した労働者の遺族に対して支給されます。

業務上の災害などで死亡した場合の給付を「葬祭料」、通勤途中の災害などで死亡した場合の給付を「葬祭給付」といいます。

葬祭料（葬祭給付）の支給対象者は、実際に葬祭を行う者で、原則として死亡した労働者の遺族です。

　ただし、遺族が葬儀を行わないことが明らかな場合には、実際に葬儀を行った友人、知人、近隣の人などに支払われます。

　また、社葬を行った場合は、会社に対して葬祭料が支給されます。ただし、葬祭を行う遺族がいないわけではなく、会社が「恩恵的、功労的趣旨」で社葬を行った場合には、葬祭料は会社ではなく遺族に支払われます。

　葬祭料（葬祭給付）は、次の①と②の２つを比較していずれか高いほうの金額が支給されます。

① 315,000円＋給付基礎日額の30日分
② 給付基礎日額の60日分

　葬祭料（葬祭給付）を実際に請求する場合は、所轄の労働基準監督署に「葬祭料請求書」または「葬祭給付請求書」を提出します。葬祭料（葬祭給付）を請求する場合の添付書類には、死亡診断書や死体検案書などがあります。

■ 遺族（補償）年金の受給権者 ………………………………………

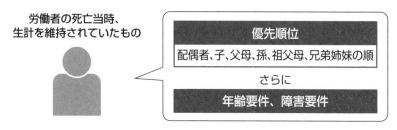

労働者の死亡当時、
生計を維持されていたもの

優先順位
配偶者、子、父母、孫、祖父母、兄弟姉妹の順
さらに
年齢要件、障害要件

たとえば、
配偶者である妻の場合は年齢・障害要件はないが、夫の場合は60歳以上または障害の状態である必要がある。
子の場合は、18歳に達する日以後の最初の３月31日まで、または、障害の状態であることが受給の要件となる。

10 労働保険や社会保険に加入していない事業所はどうすればよいのか

加入要件や手順を確認し、早急に加入する必要がある

加入が義務付けられているが未加入の事業所は沢山ある

労働保険制度や社会保険制度では、適用要件を満たす事業所に対して、加入を義務付けています。しかし、中には未加入のままでいる事業所が存在することも事実です。

我が国の9割以上が中小企業・零細企業といわれていますが、これらの小規模事業所の中には、加入手続きを取っていない場合が見られます。たとえば、労働保険・社会保険いずれも未加入、労働保険のみ加入で社会保険には未加入などのケースです。

原因としては、まず労働保険や社会保険のしくみを理解していない場合があります。たとえば、加入意思があるものの、手続き方法がわからない、もしくは煩わしさから行っていないケースです。このような場合は、まずは最寄りの労働基準監督署や年金事務所に連絡を取り、手続きを行う場所や方法について尋ねてみましょう。

さらに、保険料の支払いを避けるために、あえてこれらの保険に加入しないケースが見られます。言うまでもなく、加入すべき労働保険・社会保険に加入しない行為は違法となります。国側もこの事実を見逃さないよう、法人マイナンバー（法人番号）を活用して未加入の事業所を摘発していく動きが見られています。

どんなペナルティを受けるのか

社会保険への未加入が発覚した場合、まずは事業所の所在地を管轄する年金事務所より加入を促す連絡と、加入の際に必要となる手続き書類が郵送されます。ここで加入の手続きを行えば、まず問題はない

といえるでしょう。

　しかし、それでも加入手続きに踏み切らない場合、年金事務所職員による立ち入り検査や、認定による強制加入手続きがなされる場合があります。その際には、追徴金の支払や罰則が科される可能性もあります。

　一方、労働保険の場合も、事業所の所在地を管轄する労働基準監督署より加入を促す連絡と、加入の際に必要となる手続書類が郵送されます。ここで加入指導に従わない場合は、罰則の対象となる可能性がありますが、それに加えて労働保険にまつわる給付を受ける際に大きな損失を被ります。たとえば、労災保険に未加入の状態で労災事故が発生した場合、通常であれば国から受けることができる給付金を事業所が肩代わりする可能性があります。また、退職者が失業の際の給付を受けるために雇用保険の未加入の事実を訴え出るおそれもあります。

　労働保険にしろ、社会保険にしろ、加入することによるメリットが多々あります。加入の義務がある場合は、早急に加入するべきだといえるでしょう。

■■これから加入する場合にはどんな手続きをするのか

　労働保険や社会保険への未加入の事実が発覚した場合、新規加入の手続きを行います。新規加入の手続きについては労働保険、社会保険ともに通常の場合と同じ手順となりますが、未加入であった期間の保険料をさかのぼって支払わなければなりません。未加入期間は最大2年で計算され、併せて追徴金の徴収も行われます。

　さらに、加入に対する督促状の期限内に加入手続きを行わなかった場合や立入調査に対して非協力的であった場合は、社会保険の場合は6か月以下の懲役または50万円以下の罰金、労働保険の場合は6か月以上の懲役または30万円以下の罰金が科される可能性があるため、注意が必要です。

社会保険・労働保険に加入する場合にはどんな書式を提出するのか

年金事務所や労働基準監督署などに提出する書類を作成する

■■ 未加入発覚後の雇用保険・労災保険手続き

調査により保険の未加入が発覚した場合は、早急に労災保険の加入手続きと雇用保険関係の届出を行わなければなりません。ただし、起業時は社長1人だけの場合は加入の必要はなく、そもそも調査で指摘されることはありません。しかし、その後従業員を雇用した場合は労働保険への加入手続きが必要になるため、注意が必要です。

書式6　労働保険の保険関係成立届

正規・非正規問わず、労働者を採用している場合は必ず労働保険に加入しなければならず、これを労働保険関係の成立といいます。

労働保険には労災保険と雇用保険の2つがあり、原則として両保険同時に加入しなければなりません（一元適用事業）。しかし、建設業をはじめとするいくつかの事業は、現場で働いている人と会社で働いている人が異なる場合があるため、労災保険と雇用保険が別々に成立する二元適用事業とされています。

必要になる書類は、まず会社の設立時、または労働者の雇用時に提出が必要となる「保険関係成立届」で、これを管轄の労働基準監督署へ届け出ます。支店で労働者を雇用している場合は、支店についての保険関係成立届も必要です。会社など法人の場合には登記事項証明書、個人の場合には事業主の住民票の写しを添付書類として提出します。

書式7　雇用保険適用事業所設置届

労働保険関係の成立と同じく、労働者を採用している場合、業種や事業規模に関係なく雇用保険への加入が必要です。ただし、5人未満の個人事業（農林水産・畜産・養蚕の事業）に限り任意加入です。

手続きの手順としては、まず、雇用保険の加入該当者を雇用した場合に提出が必要となる「雇用保険適用事業所設置届」を管轄公共職業安定所に届け出ます。添付書類は以下のとおりです。

・労働保険関係成立届の控えと雇用保険被保険者資格取得届
・会社などの法人の場合には登記事項証明書
・個人の場合には事業主の住民票や開業に関する届出書類
・賃金台帳・労働者名簿・出勤簿等の雇用の事実が確認できる書類

書式8　雇用保険被保険者資格取得届

雇用保険適用事業所設置届の提出後は、加入対象となる労働者分の雇用保険の加入手続きを行います。パート・アルバイトなどの正社員以外の非正規雇用者であっても、以下の場合には被保険者となります。

① 　1週間の所定労働時間が20時間以上であり、31日以上雇用される見込みがあるパートタイマー（一般被保険者）
② 　4か月を超えて季節的に雇用される者（短期雇用特例被保険者）
③ 　30日以内の期間を定めてまたは日々雇用される者（日雇労働被保険者）
④ 　一般被保険者に該当する65歳以上の者（高年齢被保険者）

また、個人事業主、会社など法人の社長は雇用保険の被保険者にはなりませんが、代表者以外の取締役については、部長などの従業員としての身分があり、労働者としての賃金が支給されていると認められれば、被保険者となる場合があります。

資格取得届を提出する場合、原則として労働者名簿、出勤簿（またはタイムカード）、賃金台帳、労働条件通知書（パートタイマー）等の雇用の事実と雇入日が確認できる書類を添付します。

■■ 被保険者を雇用したときの社会保険の手続き

社会保険（健康保険・厚生年金保険）の場合は雇用保険とは異なり、労働者が1人もいない場合であっても（社長1人だけの会社であっても）、会社（法人）設立の時点で加入をしなければなりません。

書式9　新規適用届／書式10　健康保険厚生年金保険保険料口座振替納付申出書

　加入手続きをする場合、事業所の所在地を管轄する年金事務所（東京都品川区の場合、品川年金事務所）に「健康保険厚生年金保険新規適用届」を提出します。添付書類は、①法人事業所の場合は登記事項証明書、②強制適用となる個人事業所の場合は事業主の世帯全員の住民票（コピー不可）です。また、保険料を口座振替にする場合は「保険料口座振替納付（変更）申請書」を提出します。

書式11　健康保険厚生年金保険被保険者資格取得届／書式12　健康保険被扶養者（異動）届（被扶養者がいる場合）

　労働者を採用しており、その労働者が社会保険の加入要件に該当する場合は、資格取得の手続きを行わなければなりません。会社などの法人の役員・代表者の場合でも、社会保険では「会社に使用される人」として被保険者になります。ただし、個人事業主は「使用される人」ではないとされ、加入要件には該当しません。また、ⓐ日雇労働者、ⓑ2か月以内の期間を定めて使用される者、ⓒ4か月以内の季節的業務に使用される者、ⓓ臨時的事業の事業所に使用される者、ⓔパート・アルバイト（目安は1週間の所定労働時間または1か月の所定労働日数が正社員の4分の3未満）は、被保険者にはなりません。なお、101人（令和6年10月からは51人）以上の被保険者を雇用する事業所の場合は、ⓕ1週間の所定労働時間が20時間以上、ⓖ月額賃金88,000円以上、ⓗ2か月以上の継続雇用見込みがある、ⓘ学生ではない場合は、パート・アルバイトでも社会保険が適用されます。

　手続きとしては「健康保険厚生年金保険被保険者資格取得届」を、事業所を管轄する年金事務所に届け出ます。添付書類は、①健康保険被扶養者（異動）届（被扶養者がいる場合、書式12）②定年再雇用の場合は健康保険厚生年金保険被保険者資格喪失届、就業規則、退職辞令の写しなどです。

様式第1号（第4条、第64条、附則第2条関係）（1）（表面）

提出用

労働保険 ┌ 0 ：保険関係成立届（継続）（事務処理委託届）
　　　　　│ 1 ：保険関係成立届（有期）
　　　　　└ 2 ：任意加入申請書（事務処理委託届）

令和 5 年 7 月 5 日

㊵ 種別
31600

品川 労働基準監督署長
　　　労働基準監督署 殿
　　　公共職業安定所長

（イ）届けます。（31600又は31601のとき）
下記のとおり （ロ）労災保険 の加入を申請します。（31602のとき）
（ハ）雇用保険

| ① 事業主 | 住所又は所在地 | 品川区五反田1-2-3 |
| | 氏名又は名称 | 株式会社 緑建設 |

② 事業	所在地	141-0000
		品川区五反田1-2-3
	電話番号	03-3321-1123 ＊

※修正項目番号　　　※漢字修正項目番号

※労働保険番号
都道府県 所掌 管轄(1) 基幹番号 枝番号
　　　　　　　　　　　　　　　　　　　－　　　㊐1

③ 事業の名称	株式会社 緑建設
④ 事業の概要	一般土木建築工事業
⑤ 事業の種類	建築事業

⑰ 住所（カナ）
郵便番号 141-0000 ㊒2
住所 市・区・郡名 シナガ゛ワク ㊒3
住所（つづき）町村名 コ゛タンタ゛ ㊒4
住所（つづき）丁目・番地 1-2-3 ㊒5
住所（つづき）ビル・マンション名等 ㊒6

⑱ 住所（漢字）
住所 市・区・郡名 品川区 ㊒7
住所（つづき）町村名 五反田 ㊒8
住所（つづき）丁目・番地 1-2-3 ㊒9
住所（つづき）ビル・マンション名等 ㊒10

⑲ 名称・氏名（カナ）
名称・氏名 カフ゛シキカ゛イシャ ㊒11
名称・氏名（つづき）ミトリケンセツ ㊒12
名称・氏名（つづき）㊒13
電話番号 （市外局番）03 -（市内局番）3321 -（番号）1123 ㊒14

⑳ 名称・氏名（漢字）
名称・氏名 株式会社 ㊒15
名称・氏名（つづき）緑建設 ㊒16
名称・氏名（つづき）㊒17

⑥ 加入済の労働保険	（イ）労災保険 （ロ）雇用保険
⑦ 保険関係成立年月日	（労災）令和5年7月1日 （雇用）令和5年7月1日
⑧ 雇用保険被保険者数	一般・短期 2人 日雇 0人
⑨ 資金総額の見込額	25,000 千円

⑩ 委託事務組合	所在地	電話番号 ＊
	名称	
	代表者氏名	

⑪ 事業開始年月日	年 月 日
⑫ 事業廃止等年月日	年 月 日
⑬ 建設の事業の請負金額	円
⑭ 立木の伐採の事業の素材見込生産量	立方メートル
⑮ 発注者	住所又は所在地	
	氏名又は名称	電話番号

㉑ 保険関係成立年月日（31600又は31601のとき）
㉑ 任意加入認可年月日（31602のとき）〔元号：令和は9〕
9-05-07-01 ㊐18

㉒ 事務処理委託年月日（31600又は31602のとき）
事業終了予定年月日（31601のとき）〔元号：令和は9〕
元号　年　月　日 ㊐19

㉓ 常時使用労働者数
2 ㊐20

㉔ 保険関係等区分（31600又は31602のとき）
㊐21

㉕ 雇用保険被保険者数（31600又は31602のとき）
2 ㊐22

※片保険理由コード（31600のとき）㊐24

㉖ 加入済労働保険番号（31600又は31602のとき）
都道府県 所掌 管轄(1) 基幹番号 枝番号
－ ㊐25

㉗ 適用済労働保険番号1
都道府県 所掌 管轄(1) 基幹番号 枝番号

㉘ 適用済労働保険番号2
都道府県 所掌 管轄(1) 基幹番号 枝番号
－ ㊐27

㉙ 雇用保険の事業所番号（31600又は31602のとき）
－ ㊐29

※府県区分（31600又は31602のとき）㊐31
※特掲コード（31600のとき）㊐32
※管轄(2)（31600のとき）㊐33
※業種㊐34
※産業分類（31600又は31602のとき）㊐35
※データ指示コード
※再入力区分

㊱修正項目（英数・カナ）

㊲修正項目（漢字）

㊳受付年月日〔元号：令和は9〕
元号　年　月　日 ㊐36

㊴法人番号
9876543210987 ㊐37

事業主氏名（法人のときはその名称及び代表者の氏名）
株式会社 緑建設
代表取締役 鈴木 太郎

(3.3)

248

雇用保険適用事業所設置届

（必ず第2面の注意事項を読んでから記載してください。）

※　事業所番号

帳票種別	1.法人番号（個人事業の場合は記入不要です。）
1 2 0 0 1	9 8 7 6 5 4 3 2 1 0 9 8 7

下記のとおり届けます。

公共職業安定所長　殿

令和5年7月5日

2.事業所の名称（カタカナ）

カブシキカイシャ

事業所の名称〔続き（カタカナ）〕

ミドリケンセツ

3.事業所の名称（漢字）

株式会社

事業所の名称〔続き（漢字）〕

緑建設

4.郵便番号

1 4 1 - 0 0 0 0

5.事業所の所在地（漢字）※市・区・郡及び町村名

品川区五反田

事業所の所在地（漢字）※丁目・番地

1 - 2 - 3

事業所の所在地（漢字）※ビル、マンション名等

6.事業所の電話番号（項目ごとにそれぞれ左詰めで記入してください。）

市外局番	市内局番	番号
0 3	3 3 2 1	1 1 2 3

7.設置年月日

5 - 0 5 0 7 0 1 （3昭和 4平成 5令和）

元号　年　月　日

8.労働保険番号

府県	所掌	管轄	基幹番号	枝番号
1 3	1	09	6 5 4 3 2 1	0 0 0

※公共職業安定所記載欄	9.設置区分 □ (1当然 2任意)	10.事業所区分 □ (1個別 2委託)	11.産業分類 □	12.台帳保存区分 □ (1日雇被保険者のみの事業所 2船舶所有者)

13. 事業主	（フリガナ） 住所 (法人のときは主たる事務所の所在地)	シナガワクゴタンダ 品川区五反田1－2－3	17.常時使用労働者数		2 人
	（フリガナ） 名称	カブシキガイシャ　ミドリケンセツ 株式会社　緑建設	18.雇用保険被保険者数	一般	2 人
	（フリガナ） 氏名 (法人のときは代表者の氏名)	ダイヒョウトリシマリヤク　スズキ　タロウ 代表取締役　鈴木　太郎		日雇	0 人
			19.賃金支払関係	賃金締切日	末 日
14. 事業の概要 (事業の場合は漁船の総トン数を記入すること)		一般土木建築工事業		賃金支払日	当・翌月10日
			20.雇用保険担当課名		総務 課 労務 係
15.事業の開始年月日	令和5年7月1日	※事業の 16.廃止年月日　令和　年　月　日	21.社会保険加入状況		健康保険 厚生年金保険 労災保険

備考	※	所長	次長	課長	係長	係	操作者

（この届出は、事業所を設置した日の翌日から起算して10日以内に提出してください。）

2021.9

様式第2号（第6条関係）

雇用保険被保険者資格取得届

標準字体 `0123456789`
（必ず第2面の注意事項を読んでから記載してください。）

帳票種別 `19101`

1.個人番号 `210987654321`

2.被保険者番号 `□□□□□-□□□□□-□`

3.取得区分 `1`（1 新規 / 2 再取得）

4.被保険者氏名　高橋　均
フリガナ（カタカナ）`タカハシヒトシ`

5.変更後の氏名
フリガナ（カタカナ）

6.性別 `1`（1 男 / 2 女）

7.生年月日 `3-580304`（元号　年　月　日）
（2 大正 / 3 昭和 / 4 平成 / 5 令和）

8.事業所番号 `1306-123456-7`

9.被保険者となったことの原因 `2`
（1 新規（新規雇用（学卒）） / 2 新規（雇用（その他）） / 3 日雇からの切替 / 4 その他 / 5 出向元への復帰等（65歳以上））

10.賃金（支払の態様－賃金月額：単位千円）`1-256`（百万 十万 万 千円）
（1 月給 2 週給 3 日給 / 4 時間給 5 その他）

11.資格取得年月日 `5-050701`（4 平成 / 5 令和）

12.雇用形態 `3`（1 日雇 2 派遣 3 パートタイム 4 有期契約労働者 5 季節的雇用 6 船員 7 その他）

13.職種 `10`（01～11 第2面参照）

14.就職経路 `1`（1 安定所紹介 2 自己就職 3 民間紹介 4 把握していない）

15.1 週間の所定労働時間 `3000`（時間　分）

16.契約期間の定め `2`
1 有　契約期間 `□□-□□-□□` から `□□-□□-□□` まで（元号 年 月 日）（4 平成 5 令和）
契約更新条項の有無 `□`（1 有 / 2 無）
2 無

事業所名 [　株式会社　緑建設　]　備考 [　]

17欄から23欄までは、被保険者が外国人の場合のみ記入してください。

17.被保険者氏名（ローマ字）（アルファベット大文字で記入してください。）

被保険者氏名［続き（ローマ字）］

18.在留カードの番号（在留カードの右上に記載されている12桁の英数字）

19.在留期間 `□□□□` まで（西暦　年　月　日）

20.資格外活動の許可の有無 `□`（1 有 / 2 無）

21.派遣・請負就労区分 `□`（1 派遣・請負労働者として主として当該事業所以外で就労する場合 / 2 1に該当しない場合）

22.国籍・地域（　）

23.在留資格（　）

※公安職業安定所欄	24.取得時被保険者種類	25.番号複数取得チェック不要	26.国籍・地域コード	27.在留資格コード
	`□□`（1 一般 2 短期雇用 3 季節 11 高年齢被保険者(65歳以上)）	`□`（チェック・リストが出力されたが、調査の結果、同一人でなかった場合に「1」を記入。）	`□□`（26欄に対応するコードを記入）	`□`（23欄に対応するコードを記入）

雇用保険法施行規則第6条第1項の規定により上記のとおり届けます。

住　所　品川区五反田1-2-3

令和 5 年 7 月 5 日

事業主 氏　名　株式会社　緑建設
代表取締役　鈴木　太郎
電話番号　03-3321-1123

品川 公共職業安定所長 殿

社会保険労務士記載欄	作成年月日・提出代行者・事務代理者の表示	氏　名	電話番号

※	所長	次長	課長	係長	係	操作者

備考

確認通知 令和　年　月　日

2021.9

この用紙は、このまま機械で処理しますので、汚さないようにしてください。

書式9　健康保険厚生年金保険新規適用届

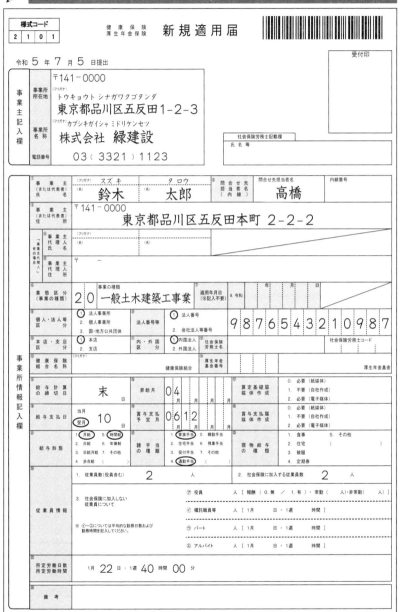

様式コード
| 2 | 5 | 9 | 3 |

健康保険
厚生年金保険 保険料口座振替納付（変更）申出書

日本年金機構

_____ 年金事務所長 あて　　令和 5 年 7月 5日提出

提出者記入欄	事業所整理記号	1 2 － ミ ア イ	事業所番号（告知番号）	0 1 2 3 4		日本年金機構
	事業所所在地	〒 141 － 0000　品川区五反田 1 － 2 － 3				
	（フリガナ）事業所名称	カブシキガイシャ　ミドリケンセツ　株式会社　緑建設				
	（フリガナ）事業主氏名	ダイヒョウトリシマリヤク　スズキ　タロウ　代表取締役　鈴木　太郎				私は、下記により保険料等を口座振替によって納付したいので、保険料額等必要な事項を記載した納入告知書は、指定の金融機関あてに送付してください。
	電話番号	03 （ 3321 ） 1123				

納入告知（納付）書をお持ちの場合は、記載されている事業所整理記号等をご記入ください。事業主氏名の欄には、肩書と氏名をご記入ください。

1. 振替事由　該当する項目に○をつけてください。
　　　　　　　※複写となっていますので、○をつける際は、強めにご記入ください。

| A事由 | 振替事由区分 | ①新規　　2. 変更 |

2. 指定預金口座　口座振替を希望する金融機関（納入告知書送付先）インターネット専業銀行等、一部お取り扱いできない金融機関があります。
　・太枠内に必要事項を記入し、押印してください。（銀行等はゆうちょ銀行のいずれかを選んでご記入ください。）
　・預金口座は、年金事務所へお届けの所在地、名称、事業主氏名と口座名義が同一のものをご指定ください。

B 指定預金口座	銀行区分	銀行等（ゆうちょ銀行を除く）	金融機関名	と び う お	①銀行　4 労働金庫 ②信用金庫 5 農協 ③信用組合 6 漁協	五反田	1.本店 3.本所 ②支店 4 支所
			預金種別	①普通 2.当座	口座番号（右詰めで記入） 1 2 3 4 5 6 7	金融機関コード	支店コード
		ゆうちょ銀行	通帳記号	1　　0 －	通帳番号（右詰めで記入）	お届け印 銀行区分に関わらず 2枚目に押印してください

3. 対象保険料等　　健康保険料、厚生年金保険料および子ども・子育て拠出金
4. 振替納付指定日　　納期の最終日（休日の場合は翌営業日）
注）1. 口座振替を希望する金融機関、指定預金口座等を変更するときは、ただちに、この用紙によりご提出ください。
　　2. 提出された時期により、振替開始月が翌月以降になることがありますのでご了承ください。

金融機関の確認欄

| 1枚目（年金事務所用） | 機構使用欄 | |

様式コード 2 2 0 0	健康保険 厚生年金保険 厚生年金保険	被保険者資格取得届 70歳以上被用者該当届			

令和 5 年 7 月 5 日提出

受付印

提出者記入欄

事業所整理記号 **12・ミアイ** 事業所番号 **01234**

〒 **141-0000**

記載されている個人番号に誤りがないことを確認しました。

事業所所在地 **東京都品川区五反田1-2-3**

事業所名称 **株式会社 緑建設**

事業主氏名 **代表取締役 鈴木 太郎**

電話番号 **03 (3321) 1123**

社会保険労務士記載欄 氏名等

被保険者 1

被保険者整理番号 　 氏名 (フリガナ) **ホンジョウ タカシ** (氏) **本上** (名) **貴志**

生年月日 5昭和 7平成 9令和 **550114** 種別 ①男 2.女 3.坑内員 / 5.男(基金) 6.女(基金) 7.坑内員(基金)

取得区分 1.健保・厚年 3.共済出向 4.船保任継 個人番号[基礎年金番号] **123456789012**

取得(該当)年月日 9令和 **050701** 被扶養者 0.無 ①有

報酬月額 ⑦(通貨) **300,000**円 ⑦(現物) **0**円 ⑨(合計 ⑦+⑦) **300000**円

備考 該当する項目を○で囲んでください。 1. 70歳以上被用者該当 2. 二以上事業所勤務者の取得 3. 短時間労働者(特定適用事業所等) 4. 退職後の継続再雇用者の取得 5. その他

住所 日本年金機構に提出する際、個人番号を記入した場合は、住所記入は不要です。 理由 1. 海外在住 2. 短期在留 3. その他

被保険者 2

被保険者整理番号 　 氏名 (フリガナ) **タカハシ ヒトシ** (氏) **高橋** (名) **均**

生年月日 5昭和 7平成 9令和 **580304** 種別 ①男 2.女 3.坑内員 / 5.男(基金) 6.女(基金) 7.坑内員(基金)

取得区分 1.健保・厚年 3.共済出向 4.船保任継 個人番号[基礎年金番号] **210987654321**

取得(該当)年月日 9令和 **050701** 被扶養者 ①無 1.有

報酬月額 ⑦(通貨) **256,000**円 ⑦(現物) **0**円 ⑨(合計 ⑦+⑦) **256000**円

備考 該当する項目を○で囲んでください。 1. 70歳以上被用者該当 2. 二以上事業所勤務者の取得 3. 短時間労働者(特定適用事業所等) 4. 退職後の継続再雇用者の取得 5. その他

住所 日本年金機構に提出する際、個人番号を記入した場合は、住所記入は不要です。 理由 1. 海外在住 2. 短期在留 3. その他

被保険者 3

被保険者整理番号 　 氏名

生年月日 5昭和 7平成 9令和 種別 1.男 2.女 3.坑内員 / 5.男(基金) 6.女(基金) 7.坑内員(基金)

取得区分 1.健保・厚年 3.共済出向 4.船保任継 個人番号[基礎年金番号]

取得(該当)年月日 9令和 被扶養者 0.無 1.有

報酬月額 ⑦(通貨) 円 ⑦(現物) 円 ⑨(合計 ⑦+⑦) 円

備考 該当する項目を○で囲んでください。 1. 70歳以上被用者該当 2. 二以上事業所勤務者の取得 3. 短時間労働者(特定適用事業所等) 4. 退職後の継続再雇用者の取得 5. その他

住所 日本年金機構に提出する際、個人番号を記入した場合は、住所記入は不要です。 理由 1. 海外在住 2. 短期在留 3. その他

被保険者 4

被保険者整理番号 　 氏名

生年月日 5昭和 7平成 9令和 種別 1.男 2.女 3.坑内員 / 5.男(基金) 6.女(基金) 7.坑内員(基金)

取得区分 1.健保・厚年 3.共済出向 4.船保任継 個人番号[基礎年金番号]

取得(該当)年月日 9令和 被扶養者 0.無 1.有

報酬月額 ⑦(通貨) 円 ⑦(現物) 円 ⑨(合計 ⑦+⑦) 円

備考 該当する項目を○で囲んでください。 1. 70歳以上被用者該当 2. 二以上事業所勤務者の取得 3. 短時間労働者(特定適用事業所等) 4. 退職後の継続再雇用者の取得 5. その他

住所 日本年金機構に提出する際、個人番号を記入した場合は、住所記入は不要です。 理由 1. 海外在住 2. 短期在留 3. その他

協会けんぽご加入の事業所様へ

※ 70歳以上被用者該当届のみ提出の場合は、「⑩備考」欄の「1.70歳以上被用者該当」
および「5.その他」に○をし、「5.その他」の( )内に「該当届のみ」とご記入ください(この場合、
健康保険被保険者証の発行はありません)。

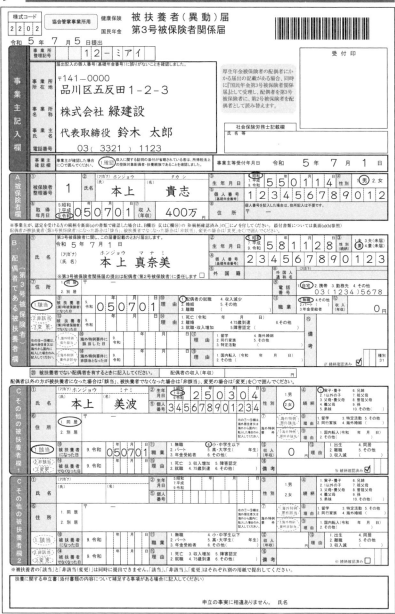

Column

女性労働者を増やすための環境整備

日本建設業連合会の統計である「建設業の現状」によると、建設の就業者数は、ピーク時の平成９年（1997年）には685万人でしたが、令和２年（2020年）では492万人で、ピーク時比で71.8％と約４分の３になっています。これには、団塊の世代の大量退職に加え、若年層の入職が伸び悩んでいることが影響しています。

もともと３Ｋ職場のイメージが強い建設業界では、安定した雇用と高い賃金で人材を確保していました。しかし、景気が低迷するようになると、経営側は大幅なリストラや賃金カットで苦境をしのごうとしました。このため、建設業界は若い世代にとって「仕事がきつい上に賃金は安く、いつクビになるかわからない不安定な業界」と映るようになったわけです。一度ついてしまった悪いイメージは、なかなか払拭できるものではありません。

そこで国や業界団体は、人材確保のターゲットとして外国人や女性に注目し、外国人技能実習生の受け入れ拡大や女性技能労働者・技術者を増やすべく様々な取組みを進めています。

外国人については、仕事以外の私生活面でのサポート体制づくり、経験の浅い外国人の労働災害を防止するため、安全衛生教育や施工業者の技術指導などが取り組むべき課題として挙げられます。

一方、女性については、女性用トイレの設置など働きやすい環境の整備や、介護や育児と両立できる労働条件、身体的な条件に左右されない業務内容の検討などが急務です。さらに、女性求職者に対する効果的な建設業のPR方法の検討も重要です。

国土交通省では、令和２年１月16日に「女性の定着促進に向けた建設産業行動計画」が策定されています。行動計画では、令和６年度までの目標として女性の建設産業への入職促進、就労継続などに向けた様々な取組みを実施することが記載されています。

【監修者紹介】

林　智之（はやし　ともゆき）

1963年生まれ。東京都出身。社会保険労務士（東京都社会保険労務士会）。早稲田大学社会科学部卒業後、民間企業勤務を経て2009年社会保険労務士として独立開業。開業当初はリーマンショックで経営不振に陥った中小企業を支えるため、助成金の提案を中心に行う。さらに「真のGIVERになり世界に貢献する」という理想を掲げ、中小企業の業績向上に寄与できる方法を模索し、そのためには従業員がその能力を十分に発揮することが最善の策という考えにたどりつく。労働者が安心安全に働くことができる職場づくりのための「パワハラ予防社内研修」の実施や、中小零細企業に特化したモチベーションの向上を図れる「人事評価、処遇制度」の構築を提案している。
主な監修書に、『障害者総合支援法と障害年金の法律知識』『建設業の法務と労務 実践マニュアル』『給与計算・賞与・退職手続きの法律と税金実務マニュアル』『最新 会社の事務と手続きがわかる事典』『最新 社会保険のしくみと届出書類の書き方』など（いずれも小社刊）がある。

櫻坂上社労士事務所（旧さくら坂社労士パートナーズ）
http://www.sakurazakasp.com/

事業者必携　知っておきたい
建設業事業者のための法律【労務・安全衛生・社会保険】
と実務書式

2024年3月20日　第1刷発行

監修者	林智之
発行者	前田俊秀
発行所	株式会社三修社
	〒150-0001　東京都渋谷区神宮前2-2-22
	TEL　03-3405-4511　FAX　03-3405-4522
	振替　00190-9-72758
	https://www.sanshusha.co.jp
印刷所	萩原印刷株式会社
製本所	牧製本印刷株式会社

©2024 T. Hayashi Printed in Japan
ISBN978-4-384-04936-7 C2032